rockynook

Photoshop®
摄影师摄影后期处理技法

How Do I Do That in Photoshop?

The Quickest Ways to Do the Things You Want to Do, Right Now!

[美] 斯科特·凯尔比 (Scott Kelby) 著　朱禛子 译

人 民 邮 电 出 版 社
北 京

内 容 提 要

Photoshop一直是摄影师图像后期处理的主要工具之一，它功能强大，应用范围较广。作者斯科特·凯尔比以其丰富的经验，精选了12个方面共200多个图像处理常见的问题，以单独案例的形式，对软件使用中的基础知识、软件常用工具与图层、Camera Raw的使用和插件、照片的打印和视频的剪辑等问题都进行了步骤详细的讲解。

本书适合数码摄影、广告摄影、平面设计、照片修饰等领域各层次的用户阅读。

谨以此书献给我亲爱的朋友艾里克•库纳。感谢你那些睿智的建议、不懈的支持和诚挚的友谊。这些对我来说，比你想象的还要功不可没。

致 谢

虽然这本书的书脊上只会出现一个人的名字，但如若没有一个兢兢业业、才华横溢的团队奋力合作完成这个项目，我们也不可能得到这么棒的结果。我非常高兴能与他们一起工作，同时，我也为能在此对他们致以谢意而倍感荣幸。

致我那完美的妻子卡乐布拉：你的所作所为一直都在证明每个人都对我说过的那句话——“你简直是全世界最幸运的家伙！”

致我的儿子乔丹：如果这个世上还有哪个爸爸比我更为其儿子感到自豪，我一定要去见见他。你简直就是一个令人骄傲的榜样！我真心为你能够成为这么优秀的一个小伙子而感到自豪。加油！

致我美丽的女儿基拉：你简直就是你妈妈的缩影——这是我对你的最高评价。

致我的哥哥杰夫：你的慷慨大方、和蔼善良的性格与积极向上、谦逊恭谨的态度一直是我这一生中用来自我激励的榜样，我非常荣幸能成为你的弟弟。

致我的编辑金姆•多提：你竟然是负责我的这些书的编辑，这份幸运让我难以置信。我真的无法想象，如果没有你，我要拿这些书怎么办才好。你真的是一个令人愉快的工作伙伴。

致我的图书设计师杰西卡•马尔多纳多：我非常喜欢你的设计方式，以及所有那些你加以点缀的可爱聪明的小点子。我们的团队找到你简直如同挖掘到了黄金一样！

致我亲爱的朋友兼业务合作伙伴让•A.肯德拉：感谢你这些年来对我的忍让，并支持我所有的疯狂想法。这对我来说真的意义非凡。

致艾瑞克•库纳：感谢你一直以来都替我分担责任与压力，减轻我的负担，并一直努力让我们坚持以正确的方式做着正确的事情。

致我的执行助理林恩•米勒：感谢你一直替我合理安排日程，这样我才有充足的时间写作。我感激你所做的一切辛勤工作，不仅包括你的努力与耐心，还包括你的那些诤言。

致我那位在Rocky Nook工作的了不起的“生活编辑”泰德•维特：任君何处去，我必紧相随。噢，对了，你还欠我在“托尼的意大利特色比萨店”的一顿大餐呢。也许是两顿。

致我的出版商斯科特•考林：我为能继续和你一起工作而感到荣幸之至，感谢你那开放的思想和卓越的远见。与老朋友尝试新事物真的是太有意思啦。

致我的导师约翰•格雷登、杰克•李、戴夫•盖尔斯、朱迪•法墨以及道格拉斯•普尔：感谢你们的聪明才智与鞭策激励——它们赐予了我无比强大的助力。

作者简介

斯科特是《Photoshop用户》杂志的编辑、出版商兼联合创始人，是极富影响力的每周摄影脱口秀《The Grid》的联合主办人。他也是创意人才的在线教育社区KelbyOne的总裁。

斯科特是一名摄影师、设计师，同时也是著有80多本书的获奖作家。其作品包括《写给数码摄影师的Adobe Photoshop指南》《写给使用Photoshop的专业摄影师的专业肖像修描技术》《写给数码摄影师的Adobe Photoshop Lightroom指南》《布光、拍摄、修描：逐步学习，从空无一物的工作室到最终图像诞生》，以及《数码摄影书》的第1～5卷。该系列的第1本书——《数码摄影书》第1卷，已成为数码摄影历史上的畅销书。

6年以来，斯科特一直被誉为摄影技术类书籍的世界第一畅销作家。他的图书作品已被翻译成几十种不同的语言。

斯科特是Adobe Photoshop巡回研讨会的培训总监，同时还担任Photoshop世界会议的会议技术主席。他在KelbyOne一系列的在线课程中担任重要角色，自1993年以来一直在对摄影师和Adobe Photoshop用户进行培训。

目 录

目 录

目 录

目 录

目 录

目 录

目 录

目 录

如果你跳过了这一页，你会后悔的，原因如下：

（1）好吧，这个标题可能包含一些夸张的成分……这只是一个让你能阅读这篇简介的小计谋，但这完全是为了你好。嗯，其实是为了我们大家都好（大家好才是真的好）。因为如果你跳过这一部分，你可能不能完全掌握这本书是如何设计、使用的。这本书不同于其他大多数图书的原因众多。其他大多数图书不会试图引诱你阅读它的简介。但是，我不得不这样做（而且我对我的做法感到有点儿愧疚，嗯，对，一点点，一丝丝，在一定程度上），因为：第一，我希望你能充分理解这本书的梗概（有些作者只会想让你了解他本人）；第二，你希望你能最大限度地掌握这本书的内容（你出钱买了这本书，或者你至少从图书馆里费了老大的劲儿把它借了出来）。所以，这其实是为了我们大家都好（谢天谢地，我的编辑没有规定我不能说实话）。简而言之，以下将会为你介绍这本书的使用说明：

请勿依照顺序阅读。这不是那种顺着读下去的书。这更像是一本"啊，我遇到困难了，我现在就需要帮助"时可以看的书，所以当你在操作Photoshop的时候，遇到了某个问题不知道如何解决，这个时候你就可以翻开这本书，找到你想要查询的那一章（图层、问题、特殊效果，等等）以及你想要解决的问题，而我会相当简洁明了地（惜字如金——这就是这本书的加分之处！）告诉你究竟应该如何操作。然后你就可以自己回到Photoshop实施具体操作。其实我的目的是希望你每次在翻开这本书之后的一分钟时间里——这个时间已经足够让你学会你想要得知的重要方法——就能够解决你的难题，接着你便能够回到你的游艇上懒洋洋地卧躺休憩了（至少，这是我所设想的关于你购买这本书之后的美好人生）。

如果你跳过了这一部分，你同样会后悔的（或更糟糕）。绝对！

（2）考虑到你的基本情况，这本书里的某些东西可能会让你抓狂。好吧，其实是歇斯底里。这是我与Rocky Nook那些优秀的工作人员所合作的第二本书，所以我可能面对的是一批新的读者（也许这是你第一次购买我的书，但我希望不是这样，因为我的儿子要到美国另一个州去上大学了，学费非常昂贵，所以，如果你买了——呃——至少6本或22本我之前的书，这将会对他的学费做出一定的贡献）。好吧，我这样做要么会讨读者的欢心，要么会让他们怒火中烧，但其实"如何趣写介绍章节"是我的书中的一个传统，所以现在它已成为我不能不去做的一件"正事儿"。在那些"正常"的书中，作者会给你介绍一些正文中会涉及的内容。但是，我的书嘛……嗯……好吧，它们并非如此。老实说，我的简介与正文并没有什么关联，因为我写简介只是为了让它们作为章节与章节之间的"精神休止符"而存在，而这些古怪而随意的简介已成为我的"专利商标"。幸运的是，我只是把这些"疯狂的东西"归纳到了那些介绍页——这本书的其余部分都是很正经常规的，我就想象面对一位与我促膝长谈的朋友一样对你倾诉这些知识。但是，我不得不对你提出这些警告，因为我怕你是那种性情乖戾、不苟言笑的老古董。如果你是这类人，那么我求求你，请跳过这一章的介绍——你会被逼疯的。要么，请结合自身情况，谨慎阅读这些简介。好吧，就说这么多吧。你现在已通过允许阅读此书的完全认证与互相检查了（这是一句航空俗语），我真的希望它能够对你的Photoshop之旅有所帮助。

第1章

像一位专业人士一样游刃有余地应对

Photoshop的用户界面

我想我应该再次对我那悠久的传统作一次声明，我喜欢在章节与章节之间写一些与下一章节基本无关或彻底无关的“简介”。我只是想让你将它们作为正文中的“精神休止符”来阅读，它们实际上不会为这本书或你的生活增添任何价值。话虽这么说，但我打破了我的另一个关于开启新的章节的悠长传统，那就是以一首歌曲、一档电视节目或一部电影来为我的章节命名——我差不多之前所有书都是这样做的。那么我来举个例子吧，我将我之前一本关于Photoshop的书中的一个章节命名为“录像带杀死广播歌星”，这是根据英国新浪潮乐队巴格斯（Buggles）在1979年推出的一首歌曲而命名的（如果你对音乐史感兴趣的话，那么我为你介绍一下，这是MTV于1981年8月首次亮相时推出的第一个视频。不过还有一件更不为人知的音乐冷门资讯：你知道他们原本计划播放的视频实际上是保拉·阿卜杜勒（Paula Abdul）的《匆匆忙忙》（Rush Rush）吗？不过，网络高管觉得，因为保拉一直是《美国偶像》的评审，所以他们之间可能存在利益冲突。于是，他们最终决定使用了巴格斯的歌曲——这是一个非常明智的决定，因为保拉·阿卜杜勒的《匆匆忙忙》直到1991年6月才录制完成，这距离MTV推出已有9年之久，更不用说《美国偶像》在2002年才开始播出）。坦率地说，我不得不承认，我每次提到音乐相关资讯的时候，都有点担心你根本不知晓这些知识。你瞧，如果我们要一起完成作者与读者心灵互通这件事，你必须得加强你的音乐修养，因为当有人提问《少年心气》（Smells Like Teen Spirit）的演唱者是谁，你猜道“是泰勒·斯威夫特吗？”的时候，我并不会坐在观者席中为你指点迷津。现在，如果你想知道这与Photoshop指南有什么关系的话，你很有必要去阅读这一部分的第一句话，我相信你一定会恍然大悟。

打开面板

Photoshop的大部分功能都能在面板（它们就如同能从屏幕侧面弹出的调色板）中找到，而那些最常使用的面板会默认存在于屏幕上直观可见的位置（如“颜色”面板、“色板”面板、“库”面板、“图层”面板等），并显示在窗口的最右侧。窗口顶部还有一条窄窄的水平面板，称为“选项栏”（在使用Photoshop的某一个工具时，它会在此显示该工具的所有选项）。为了避免屏幕与面板完全混杂，一些面板会嵌套于其他面板之后，所以你所能看到的是一个小标签，它显示的是面板的名称（请参见上方左图，你将看到“图层”面板，在此选项卡的右侧，你会看到嵌套于其中的面板的另外两个选项卡——“通道”面板和“路径”面板）。如要查看其中一个嵌套面板，只需单击此选项卡，完整面板将会得以显示（请参见上方右图，单击“通道”标签，你便会看到“通道”面板）。当然，实际上存在的面板比你刚开始在屏幕上看到的面板要多得多。若要打开任何关闭的面板（总共约有30个），请于“窗口”菜单（屏幕顶部）中查看，你将会看到所有选项。选择其中一个打开，它会位于其他已打开的现有面板之旁。

提示：如何让面板“悬浮”？

如果想要让某一个面板与其余面板分离，让它可以单独“悬浮”存在，只需单击并拖动此面板选项卡，让它离开其余的面板，它便能够“悬浮”。

隐藏或关闭面板

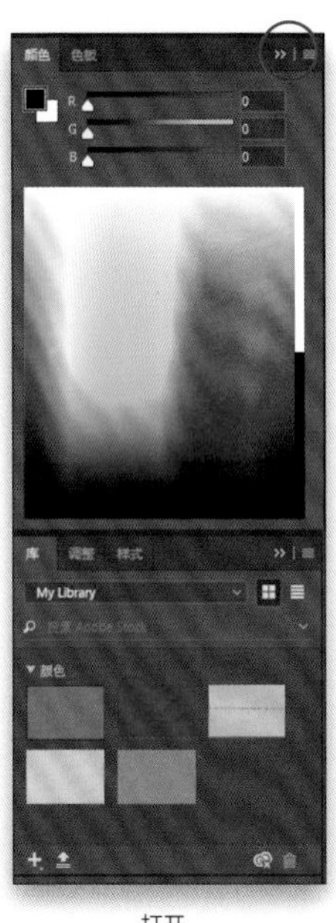

打开

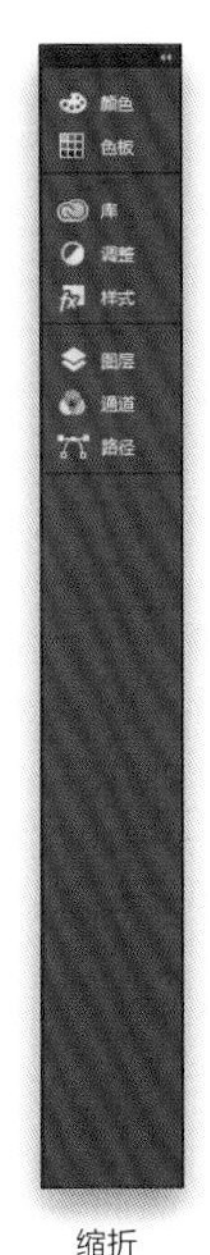

缩折

只有图标

你不必在操作的时候一直将所有的面板全部打开。你可以将它们缩折成它们的图标和名称，就像上方中图所示（只需单击面板右上角的两个向右箭头——如上方左图圆圈所示），或者将它们进一步缩折，让其只显示为图标（将其缩折之后，单击面板组的左边缘，并向右拖动，直至其只显示为图标，如上方右图所示）。将面板折叠起来为你的图像提供了更大的工作区域，而你的那些面板只需单击一下即会出现（单击任何图标，整个面板便会弹出）。如果想要将所有的折叠面板作为一个组展开（如上方左图所示），请单击面板标题右上角的两个向左箭头。如果你真的想要关闭一个面板（不是仅仅将其折叠，而是希望它不要出现在屏幕上），那么请单击面板的选项卡，将其从嵌套的面板中拖走（它便成了一个悬浮面板），现在面板左上角便会出现一个“x”。单击它即可关闭。若要重新将其打开，请在窗口菜单下选择它。

新建一个文档

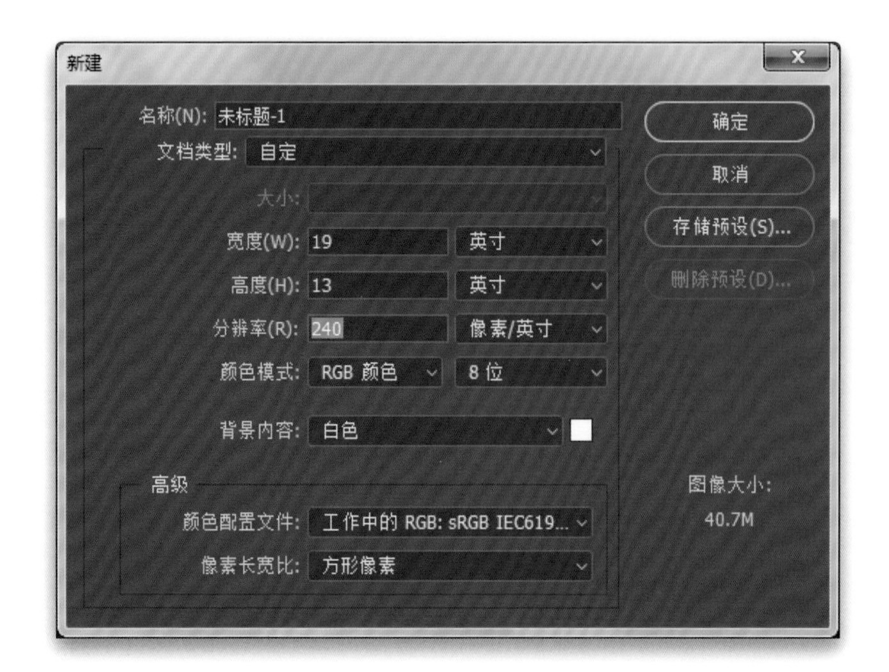

在“文件”菜单下选择“新建”，打开“新建”对话框。你可以在这里选择这个新文档的大小和分辨率——只需输入所需的宽度和高度以及分辨率（我这次选择的是240像素/英寸、喷墨打印机模式）。你也可以选择你想要的背景颜色（如果你不想要白色的话）和颜色配置文件。对话框的顶部是文档类型的弹出菜单，其中包含具有常见图像大小和分辨率的预设——你可以选择Web、移动设备、胶片与视频等。如果你有某个特定的自定义大小（例如可能需要使用13英寸 × 19英寸的纸张打印），你可以将其保存为自己的自定义预设。只需输入你想要的大小和分辨率（我这次使用240 ppi、喷墨打印机模式），然后单击右上角的“存储预设”按钮。为你的预设命名，它便会在下一次文档类型弹出菜单中出现。

一次查看更多图像

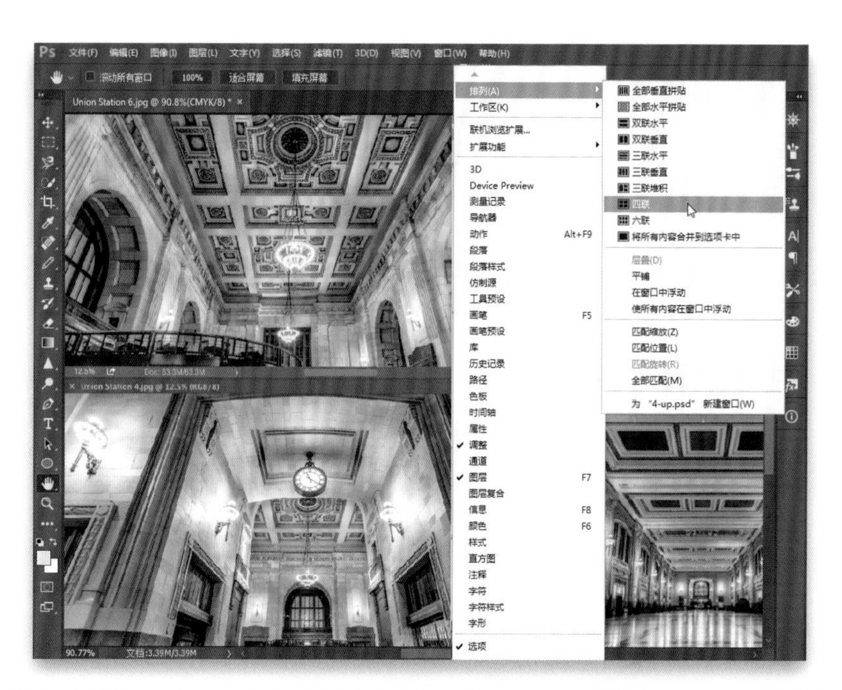

当你打开多个图像时，它们会像多个面板一样呈现——图像在前，打开的其他图像的小标签（位于图像窗口的顶部）位于后面（如果你已在“首选项”里设置过这个标签视图）。如果你想同时查看屏幕上的所有图像，请单击“窗口”菜单下的“排列”。菜单的顶部有一系列关于如何显示这些图像的选项：全部垂直拼贴、全部水平拼贴、双联、三联、四联、六联（如我的示例图所示，屏幕上就是以四联显示。当我选择“四联”，它便会立即调整图像窗口的大小，所以这4个打开的图像就均等地出现于屏幕上。如图所示，我还打开了“应用程序框架”，在“窗口”菜单[在Mac上]下可以选择此项操作）。如果顺着“排列”菜单中继续向下看，你会看到一些控件，可以将所有这些图像窗口在屏幕上一齐打开——你单击任意一个图像窗口，所执行的操作都会在所有其他窗口中进行。例如，如果你单击图像窗口并放大该照片，然后选择“匹配缩放”，其他3个打开的图像都将以完全相同的方式进行放大。

组织所有面板

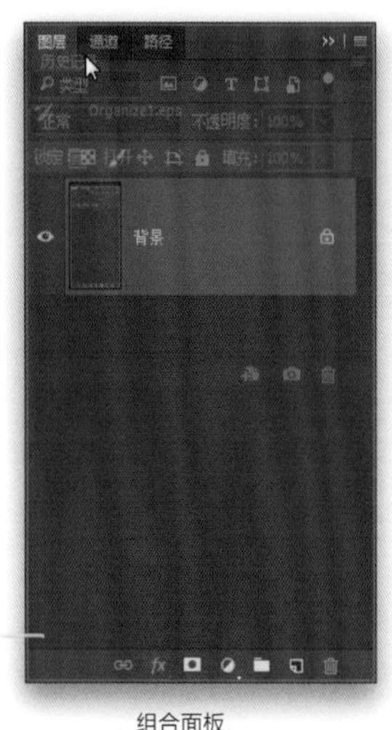

组合面板
（注意蓝色部分）

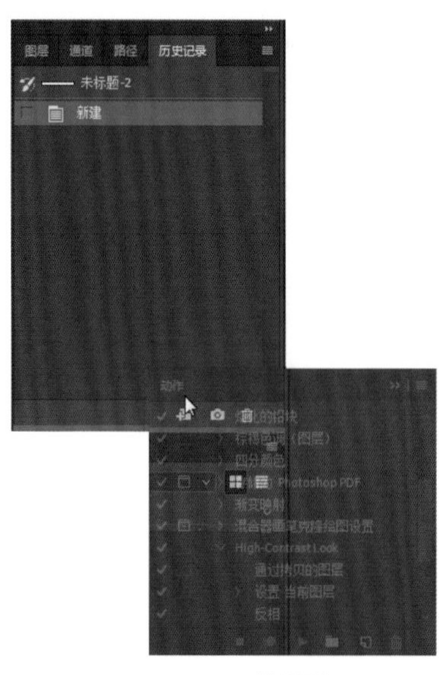

单击底部
（注意蓝色实线）

完成组合效果

当你选择在屏幕上添加一个面板的时候，大多数情况下，它会显示在你已打开的面板旁边。许多时候，它会紧贴着你已打开面板的左边缘呈现，打开的数量越多，你的图像便会有越多区域被它们所覆盖。就我个人而言，我更喜欢将所有的面板保持在窗口的右侧，这样我便能尽可能地给我的图像腾出更多的空间。如果你也喜欢这样保持屏幕界面的整洁，你可以做以下两点：（1）你可以通过单击面板的选项卡并将其拖动到另一个面板的选项卡上，将面板组合（嵌套）在一起。当你将面板拖动到其他你想要嵌套的面板上的时候，你会看到一条蓝色的线出现在面板组（如上方左图所示）周围。你看到它之后，只需松开你的鼠标按钮，它便会加入这个组合之中。所以，其实你只是将标签拖到一起，组成一个组。是不是非常简单呢？（2）你也可以直接在任何一个打开的面板下面添加面板，其实方式大同小异。但是，在这种情况下，你需要将标签拖动至面板的底部。当它要“停靠”时，你会看到一个加粗的蓝色线条出现在即将停靠的面板的底部（如上图所示）。现在，只需松开鼠标左键，它便会附加至现有面板的底部，形成一个垂直组合（如上方右图所示）。

使用参考线

每当你需要调整图像中某些东西的角度的时候，你可以在你的图像上拖出一些水平或垂直的参考线。若要获得这些参考线，首先必须使Photoshop的“标尺”可见（按Command-R［非Mac系统的电脑：Ctrl-R]），然后直接单击并按住位于顶部或左侧的标尺，拖出参考线，将其定位于你想要的地方。你可以使用“移动”工具（V；当你将鼠标指针移动到参考线上方时，它将变为一个中间有两条线的双箭头，在中间有两行［见上图被圈出的地方］。这就意味着你可以移动了）重新将它们定位。如果你想要在特定位置添加一条参考线（例如，你想在你的图像的2英寸或35像素地方添加一条参考线），你可以使用Photoshop将它准确地放置于那个位置：在“视图”菜单下，选择“新建参考线”。在对话框（如上图所示）中，输入所需的尺寸（输入数字，然后输入一个空格，再输入代表英寸的“in”，或代表像素的“px”等），单击“确定”，它便会为你准确地完成设定。若要删除一个不再需要的参考线，只需将其拖回至它所来源的标尺即可。若要一次删除所有参考线，请查看“视图”菜单，选择“清除参考线”。

更改我的图像区域之外的颜色

如果要更改图像外部的工作区背景的颜色，只需右键单击图像外的任何位置（如果你使用的是带有选项卡式文档的“应用程序框架”，那么你可能需要将你的图像视图缩小一点[缩小]；如果你没有使用带有选项卡式文档的“应用程序框架”，那么单击并拖出你的图像窗口，这样你便可以看到画布区域），接着会弹出一个带有多个选项的菜单。只需选择你想要的颜色即可达成这一效果。

更改Photoshop界面的颜色

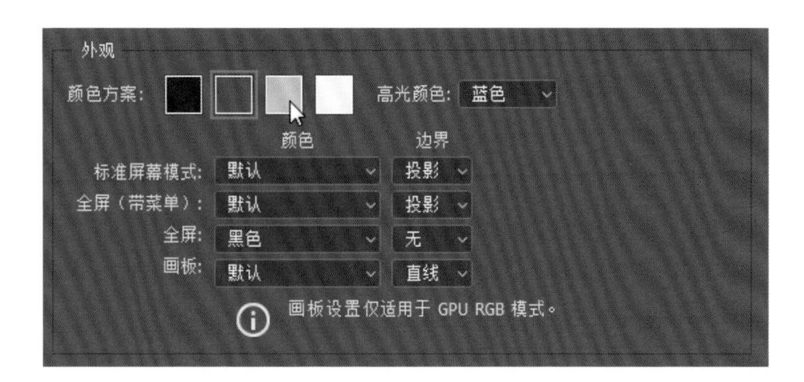

在“Photoshop CC”（非Mac系统的电脑:“编辑”）菜单的“首选项”下选择“界面”。当“首选项”对话框打开时，在“外观”区域中，从“颜色主题”的颜色样本中选择一个新的界面颜色。其实你并不能真的选择一种新的颜色，你只能改变默认灰色的亮度。

以全屏尺寸查看我的图像

按键盘上的字母F两次。第一次按下它的时候，它只会隐藏你的图像周围的窗口。但是，第二次按下它的时候，它会隐藏一切东西，将你的图像以全屏大小显示。现在，由于某种原因，它在全屏模式之下没有隐藏Photoshop的“标尺”。所以，如果你也能在全屏模式的时候看到标尺，那么按Command-R（非Mac系统的电脑：Ctrl-R）即可将它们隐藏。若要返回常规大小视图（并查看Photoshop的其余部分），只需再次按下F键。

让那些弹出工具提示消失不见

在“Photoshop CC”（非Mac系统的电脑：“编辑”）菜单下的“首选项”下选择“工具”。当“首选项”对话框打开时，在“选项”部分，关闭“显示工具提示”复选框（如上图所示）。我是不是帮了你一个大忙？记得报答我哦。

让标尺可见

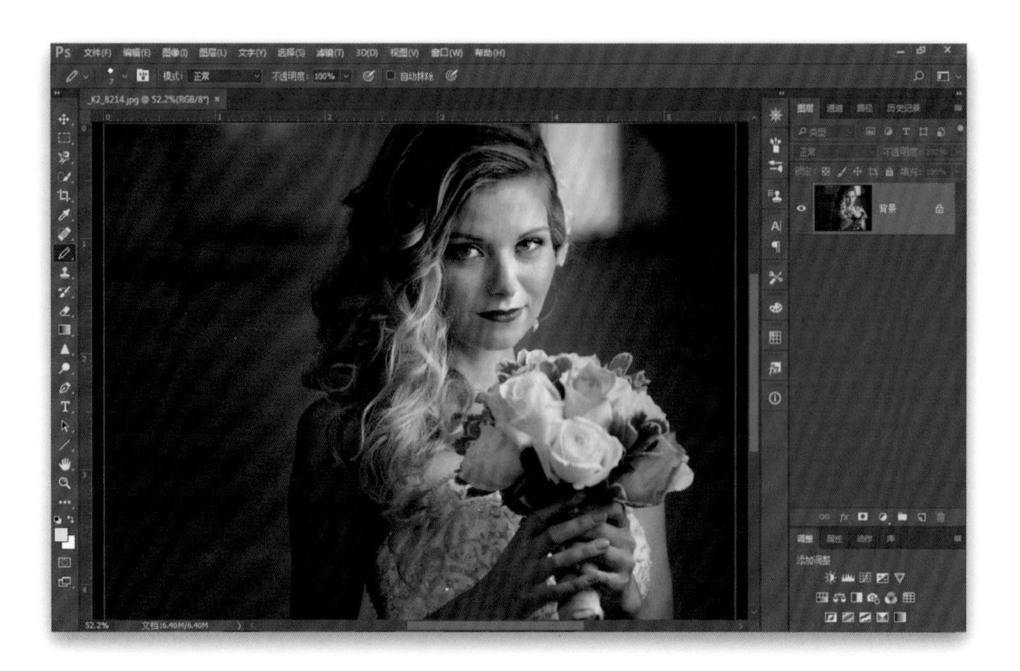

只需按Command-R（非Mac系统的电脑：Ctrl-R），标尺便会出现在图像窗口的顶部和左侧。就这么简单。

高级提示：更改开始测量

如果出于某些原因，你不希望图像的左上角从0英寸×0英寸开始测量，你可以直接单击并按住图像窗口的左上角（不是单击图像，而是单击窗口——就在垂直和水平标尺相遇的那个地方），然后将起点拖动到一个新的位置（例如，如果你想要让你的图像从2英寸开始测量，那么你便可以将这两个标尺的轴拖至那个点，它便从那里开始测量）。这是一个专门写给你这种高级人士的高级提示，因为你很高级，所以你能看得懂我在说什么。希望这些能够提高你的高级的Photoshop技能。

让对象与标尺或网格对齐

当你使用参考线来对内容进行排列的时候，你可以让Photoshop来处理你要拖动的任何内容（例如一张图片、一种类型或一种形状等），并让它在你靠近时自动与参考线对齐。这样，你不必用肉眼盯着它——不时费劲地前后移动一到两个像素来对准——便能达到完美地效果。若要打开此功能，请在“视图”菜单下选择“对齐”。然后，在“视图”菜单下的“对齐到”下方，你将看到一系列你可以对齐的选项。选择“参考线”以启用参考线对齐。现在，当你将某个东西（例如上面的文字）拖动至参考线附近的时候，它便会捕捉到这个东西（你会觉得它像一块磁铁似的将文字或图像“吸附”了过去）。你也可以对齐其他的东西。例如，如果你打开网格（在“视图”菜单下的“显示”选项之下），然后打开“对齐网格”，你在拖动的时候，你的对象将会直接与正方形网格对齐，来帮助你整理。如果你想让对象与图像窗口的边缘对齐，请选择“文档边界”。此外，你可以使用键盘快捷键Command-Shift-;（非Mac系统的电脑：Ctrl-Shift-;）来打开/关闭此对齐功能。

使用参考线来新建一个版面

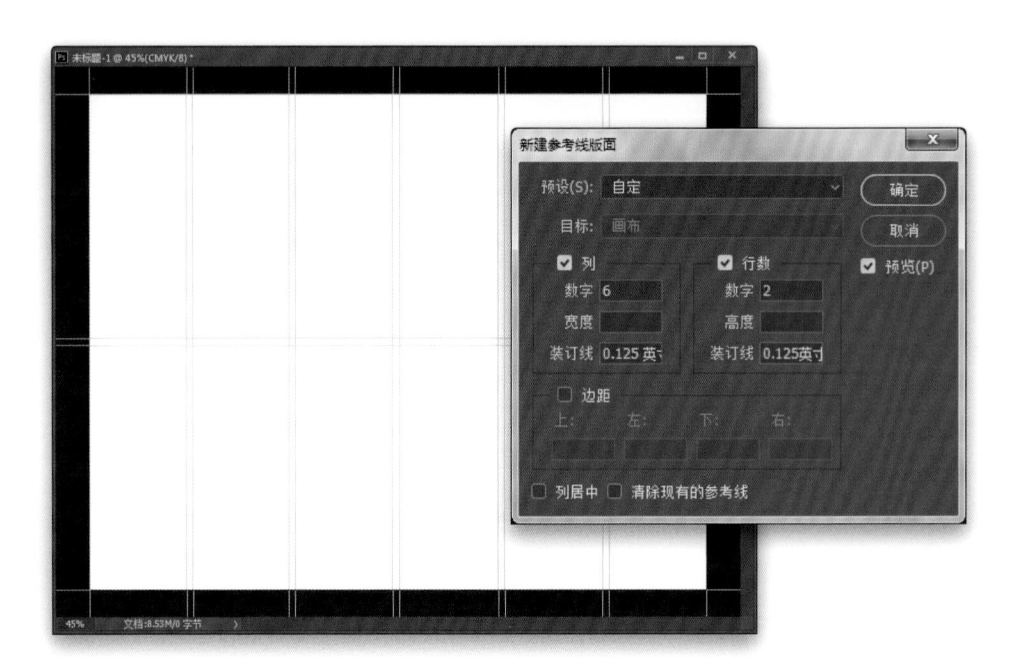

如果你追求完美，想要让Photoshop为你的整个图像建立一个完整的参考布局（例如，你想要在整个图像每隔一段距离就有一条垂直参考线，并有一条横跨中心的水平参考线），在“视图”菜单下选择“新建参考线版面”。在显示的对话框中（如上图所示），输入所需的列和行的确切数量。我在这里想要6列和2行【实际上需要在每个数字的基础上再加两条参考线，在它们之间有一个槽（空格）】。要更改每条双向参考线之间的间距，请降低或提高“槽”的数值。如果你只想要一条参考线，只需在“槽”的位置输入0即可。

保存所有面板的设置过程

当你想要所有面板全都打开，并按你想要的方式排列组合（顺便说一句，你可以从窗口[抓住它的顶部]的左侧单击并拖动“工具箱”，让它悬浮或与右侧的面板停靠在一起。你也可以在窗口顶部单击并拖动“选项栏”，将其置于底部），你可以通过单击“选项栏”最右端工作区的弹出菜单（它可能写作“基本功能”，但如果你已经在工作区进行过操作的话，它可能写作别的东西）来保存这个布局（Photoshop将这个自定义布局称为“工作区”）。从这个弹出菜单中选择“新建工作区”（如上图所示），它会打开一个对话框，你可以命名，然后保存布局（你可以将多个工作区保存为预设，这样你便能够将其中一个用于修描，一个用于做插注，一个用于图像编辑，等等）。现在，如果要随时获得那个版面，只需从同一个弹出菜单中选择它即可。此外，当你启动工作区时，仍然可以随时进行更改（例如更改面板的位置或使面板悬浮）。如果在任何时候你想回到你保存的工作区，只需从同一个弹出菜单中选择“重置”（我将我的工作区命名为“斯科特的工作区”[我知道这个命名方式真的很土]，所以你会在图中看到“重置斯科特工作区”），你的工作区便会得以重置。当然，你那边不会显示“斯科特的工作区”，这点你是知道的，对吧？

在视图上隐藏参考线和其他东西

其实，有一个方便的快捷方式，差不多能够隐藏所有东西，为你呈现出一个干净、无障碍的图像界面：Command-H（非Mac系统的电脑：Ctrl-H）。这个其实非常容易记住——H代表hide（意为“隐藏”）。注意：如果你是Mac用户，第一次按Command-H时，会弹出一个对话框（如上面的叠加图所示），并询问你是希望此快捷方式在Photoshop中隐藏附加功能，还是希望它将Photoshop也全部一起隐藏（因为Command-H是全球Mac OS在视图中隐藏当前应用程序的一个标准快捷方式）。我继续单击“隐藏额外内容”来进行切换，所以Command-H隐藏了我的参考线和Photoshop中的东西。不过，你的选择红色药片或是蓝色药片（“红色药片”与“蓝色药片”在英语中指的是两种对立的文化标识。知识、自由以及现实的残酷性属于“红色药片”，虚假、防护、幸福无知的幻想属于“蓝色药片”。——译注）完全取决于你和你的工作流程。再次强调一下，这只对Mac用户有影响，如果你是一个Windows用户，你的键盘快捷方式只是简单的Ctrl-H。

在我放大时移动

按住空格键，便会暂时切换成手形工具。现在你只需单击它并向右拖动至你想要的地方——这比使用滚动条要快得多。如果需要缩小，滚动条还是挺好用的，但在放大的时候就会非常难用——简直像是一场噩梦（好吧，我这样说可能夸张了一些，但真的挺可怕的）。当你完成移动之后，松开“空格”键，你便能回到你之前最后一次使用的工具上。

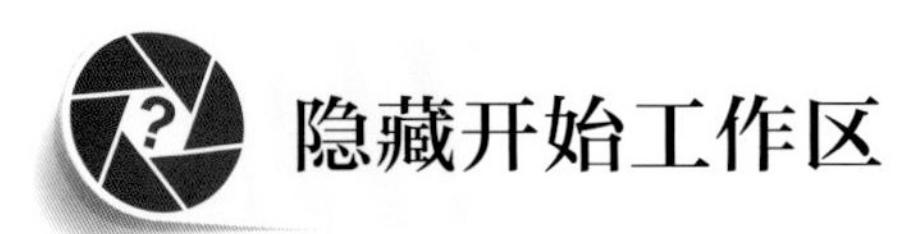

隐藏开始工作区

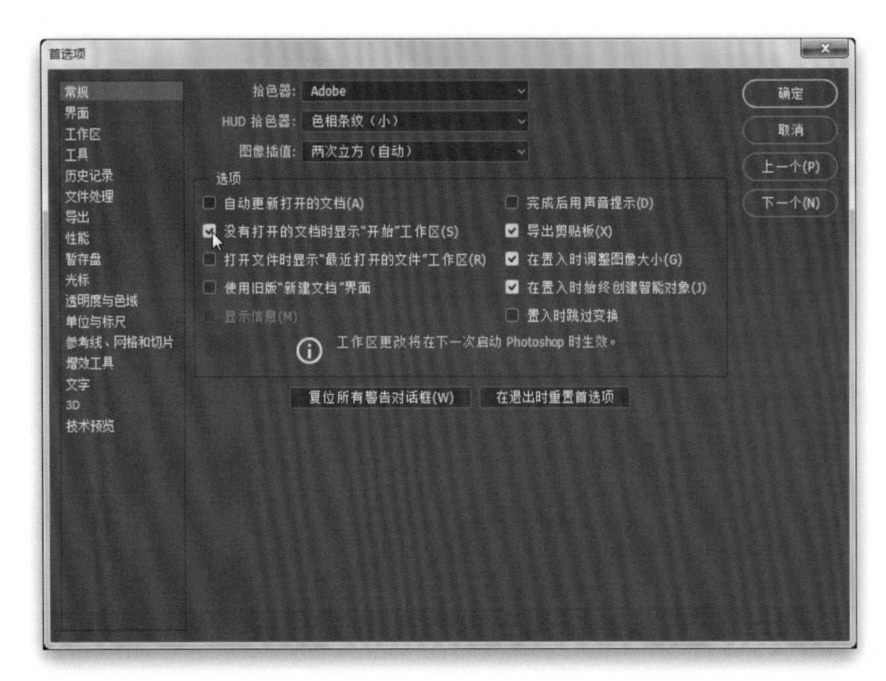

如果你使用的是“应用程序框架”（在Mac电脑上的“窗口”菜单下），并且想要隐藏启动Photoshop时或没有打开任何工具时出现的“开始”工作区，那么请在“Photoshop CC”（非Mac系统的电脑：“编辑”）菜单的“首选项”下选择“常规”。当“首选项”对话框打开时，在“选项”部分关闭“没有打开的文档时显示‘开始’工作区”的复选框（如上图所示）。你也可以通过关闭下面的复选框来关闭“最近使用的文件”工作区。

让我的图像适合屏幕

我最喜欢的方法是双击“工具箱”中的手形工具，但是如果你喜欢使用键盘快捷键的话，也可以按下Command-0（零；非Mac系统的电脑：Ctrl-0）。此外，如果你切换到手形工具（快捷方式是字母H），你会在选项栏中看到3个按钮，用于缩放整个图像：（1）100%；（2）适合屏幕；（3）填充屏幕。同样，你也可以在“视图”菜单下手动选择大小，不过……不要浪费时间在菜单中四处挖掘，选择使用前两种方法中的一种就行。

以100%的尺寸查看我的图像

如果你双击“工具箱”中的“缩放”工具（其图标看起来像一个放大镜），你的图像将被缩放至100%的实际尺寸。你也可以按Command-1（非Mac系统的电脑：Ctrl-1）获得相同的100%视图。或按Z获取缩放工具，然后在“选项栏”中单击100%按钮，不过这比仅仅双击“缩放”工具会慢很多。

隐藏所有面板

单击“Tab”键，它便会隐藏所有面板，包括顶部的“选项栏”和“工具箱”。如果你只是想隐藏右侧的面板（按照我的说法就是“除了‘工具箱’和‘选项栏’之外的所有东西”），就按Shift-Tab。无论在哪种情况下，你只需再次按Tab键，所有隐藏的面板便都会恢复。

让隐藏面板自动弹出

在“Photoshop CC”（非Mac系统的电脑：“编辑”）菜单的“首选项”下选择“工作区”。当“首选项”对话框打开时，在“选项”中打开“自动显示隐藏面板”复选框（如左上图所示）。现在，当你将鼠标指针移动至屏幕的最右边缘，也就是面板隐藏之处（位于中心上方），隐藏的面板便会弹出（右上方）。

放大和缩小我的图片

想要实现这一点，方法很多，但我会先使用我最喜欢的两种方法：在不用更改工具的情况下快速放大/缩小，按Command-+（加号；非Mac系统的电脑：Ctrl-+）放大，按Command- -（减号；非Mac系统的电脑：Ctrl--）缩小。另一种常用的方式是切换至“缩放”工具（其图标看起来像一个放大镜，但你仅需按下字母Z即可使用“缩放”工具），然后只需单击（立即放大）或在你想放大的地方（正如我在上图的操作一样）单击并按住（更像那种电影式地放大），它便会放大你想要放大的地方。若想要缩小回到刚才的样子，请按住Option（非Mac系统的电脑：Alt）键，然后执行相同的操作（单击或单击并按住），它便会缩小。正如我在本章前面提到的，通过在“工具箱”中双击“缩放”工具，你便能够放大至100%的实际尺寸。

第2章

如何使用Photoshop的工具

关于“工具箱”的小贴士

当你第一次见到Photoshop的工具箱的时候，它只是一个紧贴着窗口左侧的小竖条，你心想，“这看起来一点儿也不难学习。”直到你意识到，这个小竖条里其实包含64个工具，因为其中许多工具都隐藏在其他工具后面。在Adobe中，通常用“Atelier Cloister Element”（简称ACE）来描述隐藏在一个工具之后的另一个工具。可能你曾在网上看到过某些摄影师说自己是一个“Adobe ACE”，这意味着他们已经通过了一个深入的在线测试（大于等于82分），这个测试将“Atelier Cloister Element”工具的图标浅浅地标记在一只大耳狐的一侧。当大耳狐穿越过它的自然栖息地的时候，这些工具只会在屏幕上显示几秒钟。考生需要正确识别每个Atelier Cloister的基础工具（这听起来好像挺容易似的，其实操作起来非常困难，这就是为什么通过了Adobe ACE的考生热衷于自我吹嘘）。在Photoshop领域里，通过ACE测试就如同一架F / A-18在一个移动的机架甲板上着陆。所以，如果你获得了82以上的分数，那么真的是一件非常了不起的事情。我不介意告诉你，虽然我沉浸Photoshop领域已久，但我只得了84分，所以我可以直接证明这是一个相当具有挑战性的测试。但是，至少当你学完这一章之后，你可以得到36到37的分数，这是因为作为摄影师：（a）我们不需要使用全部64种工具；（b ）大多数工具是给设计师准备的；（c）摄影师是一个容易上当受骗的群体，因为关于“Atelier Cloister Element”的全部事情都是我编造的。全部都是。如果你相信了我编造的故事，我真的感到非常抱歉，但是你并没有轻易落入陷阱（并且你一直都和我一起窃笑）。我想我们都挺开心的，对吧？没有伤害，没有犯错，对吧？你好！有人在吗？

只看到我实际使用的工具

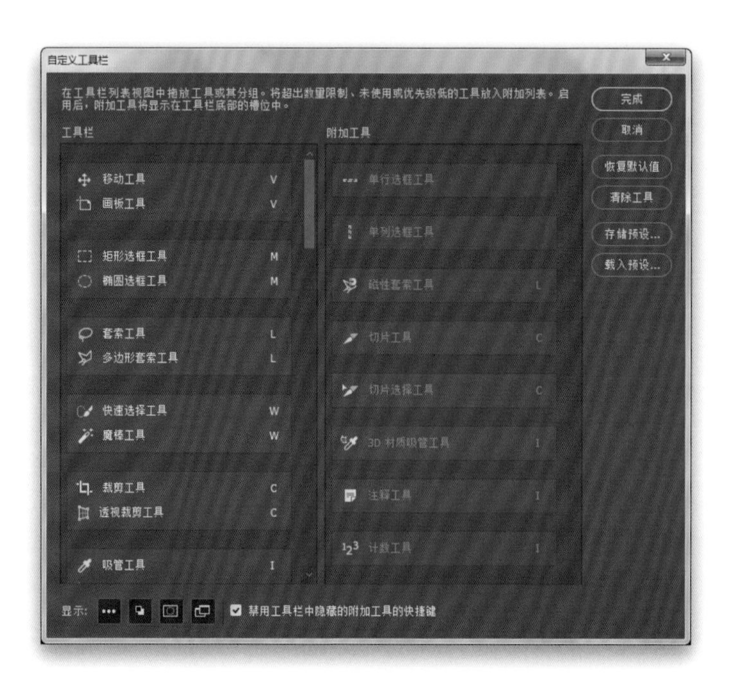

虽然你会在Photoshop窗口左侧的工具箱中看到一大堆工具，但是你可能只会使用到其中的几个而已。幸运的是，你可以隐藏所有那些你用不到的工具，这能让你的工具箱变得精简有效，没那么杂乱无章。方法如下：在“编辑”菜单下选择“工具栏”（靠近菜单底部），打开“自定义工具栏”对话框（如上图所示）。你将看到两列，左侧列出了Photoshop中的所有工具。当你看到一个你不需要使用的工具时，将其拖放到右列中，它就会被隐藏。完成后，单击“完成”，现在你的工具箱便变得精简了，只剩下了你实际会用得到的工具。

提示：使用一键工具快速键

你可以仅使用键盘上的一个键便能够选择Photoshop工具箱中的大多数工具，并且其中一些字母按键都是具有其代表意义的。例如，按下B键便能打开“画笔（Brush）”工具，按下C键便能打开“裁剪（Crop）”工具，按下T键便能打开“水平（Horizontal）文字”工具，按下P键便能打开“钢笔（Pen）”工具。但是，J键用于开启“修复画笔（Healing Brush）”工具，O键用于开启“加深（Burn）”工具，所以并不是所有字母都有意义。不过无论如何，若想要找出任何一个工具的一键快捷方式，只需在工具箱中单击并按住它，当它的弹出式菜单出现时，便会呈列出它的快捷方式。如果有多个工具所使用的快捷方式相同的话（例如，T键用于所有4种“类型”工具），只需添加Shift键（也就是Shift-T）来切换与之相关的不同工具即可。

在我的图像中选择一个正方形或矩形区域

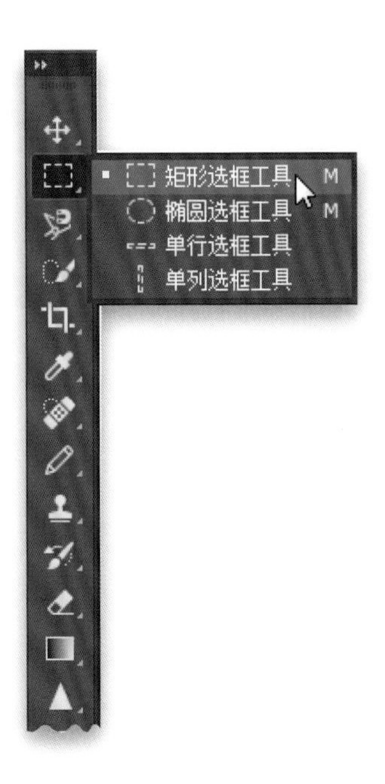

如果你只想编辑图像的某个特定部分（而不是编辑整个图像），首先选择想要操作的区域，然后你所做的任何更改都只会影响所选区域。Photoshop中有许多不同的选择工具用于帮助你进行精确选择，最受欢迎的选择工具之一是“矩形选择”工具（它实际上被称为“矩形选框”工具，因为它让你的选区看起来就像是一个被多个跃动闪烁的线条所环绕的好莱坞大天幕）。要使用它的话，首先从工具箱中选择它（如上图所示；或者按下M键），然后单击并拖动到你想要选择的区域。默认情况下，它会绘制一个矩形。但如果你想要一个完美的正方形，按住Shift键，它会将所选区域变成一个完美的正方形。要想在绘制后重新定位选择区域的话，只需在闪烁的选框区域内的任意位置单击相同的工具，然后将其拖动到新的位置。若要移动矩形（或正方形）内部的内容，选择一块图像并移动它，然后切换至“移动”工具（工具箱顶部的第一个工具），单击该闪烁选取区域内部，然后拖动它。若要删除你的选择（称为“取消选择”），请按Command-D（非Mac系统的电脑：Ctrl-D）。

选择一个自由形式的区域

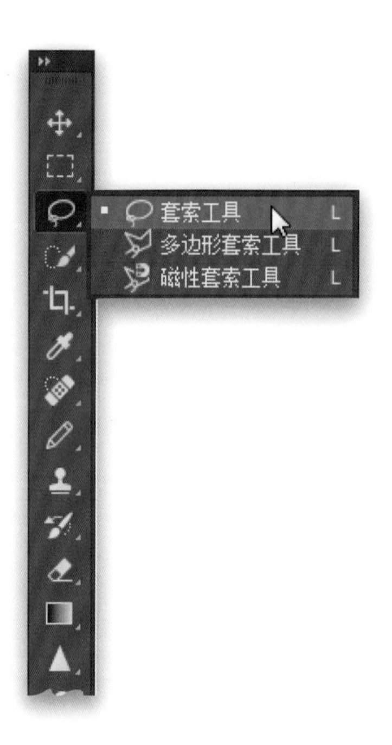

如果你想选择非正方形的东西，也许是你的图像中的一个物体，那么便需要使用“套索”工具进行自由格式选择（不拘泥于方形[或圆形]的选择区域）（其图标看起来就像一根绳子套索）。只需从工具箱中选择“套索”工具（或按L键），然后沿着想要选择的对象边缘进行描绘。如果你需要添加到选择区域中（绘制完成之后），请按住Shift键，继续描绘。当你按住Shift键时，所描绘的任何东西都会被添加至你已经选择的内容中去。如果你在某个区域发生了错误，描绘了一些你并不想要选择的东西（你“画到了线外”），请按住Option（非Mac系统的电脑：Alt）键，然后描绘你想要去掉的区域。若要取消选择所选区域，请按Command-D（非Mac系统的电脑：Ctrl-D）。

选出非常精确的区域

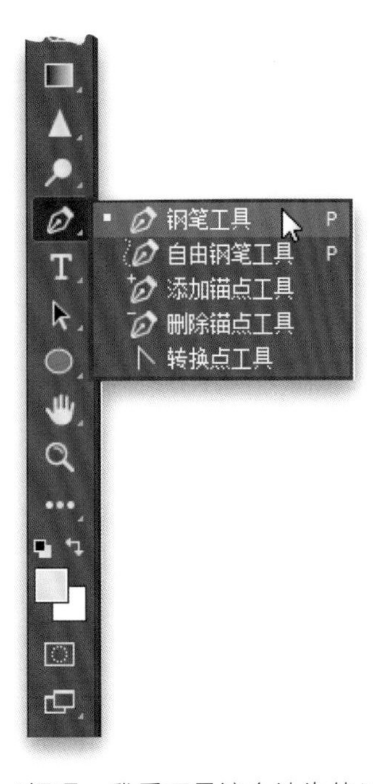

所有选择工具中的王者（好吧，我反正是这么认为的）便是“钢笔”（P）工具，因为它能绘制出精准的选择区域，并且可以十分便捷地进行修改调整。最重要的是，它能围绕物体绘制出完美的曲线，这个功能的实际意义要远远大于它听起来的效果。实际上总共有5个“钢笔”工具，但是你大约95%的时间都仅需使用常规“钢笔”工具。常规“钢笔”工具就像一个“将点与点连接起来”的工具，你先单击一下，确定你的起点，然后移动鼠标指针，再次单击，它便绘制出一条连接这两个点的线段（这个工具非常适合选择墙壁或箱子等线条为线段的东西）。如果你所选择的对象有一部分为曲线（比如要选择一个相机——它的某些部分是直线，但顶部和镜头是圆的），那么只需单击并按住，在你拖动“钢笔”工具的过程中，便能绘制出一条完美的曲线。然后会出现两个小手柄，这是让你稍后能够调整确切的曲线量（当你在围绕着物体绘制完毕之后，便能够对曲线作出调整）。这便是“钢笔”工具的基本工作原理：单击、单击、单击，绘制出一条条笔直的线段；单击并按住，拖动形成曲线。当你已经围绕被选对象绘制出了一个选取区域之后，回到你开始绘制的起点，你会看到一个小圆圈出现在钢笔工具的鼠标指针的右下角。这是提示你已经画了“完整的一圈”。直接单击这个起点，它便会与终点相连，于是整个区域都被连接了起来。不过，你现在拥有的并非一个选区，这只是一条路径——没有闪烁的直线与曲线（好吧，它们暂时还没有闪烁）。若要将此路径转换为选区，请按Command-Return（非Mac系统的电脑：Ctrl-Enter）。下一页将会讲述如何调整该路径，将其转换为选区。

调整我的“钢笔”工具路径

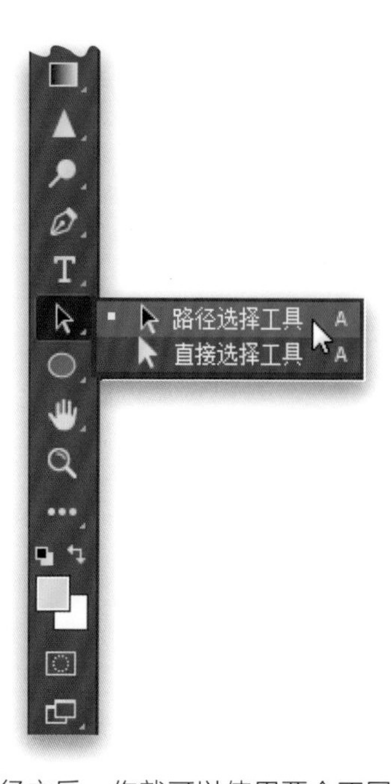

当你已经生成了一条路径之后，你就可以使用两个不同的箭头工具来对路径进行调整了。这两个工具都可以在工具箱中找到，就位于“钢笔”工具下面不远处。第一个工具被称为“路径选择”工具（A；它的图标看起来如同一个实心的黑色箭头），用于拾取和移动你的整个路径（如果你想将这个路径移动到一个新的位置），或者，如果你在同一图像中有多个路径，它能让你在路径之间进行切换。第二个工具是“直接选择”工具（Shift-A；它的图标看起来如同一个纯白色的箭头），它将是你使用最为频繁的工具。“直接选择”工具能让你单击由“钢笔”工具创建的任何点并对这个点进行调整。因此，打个比方，如果你使用“钢笔”工具沿着边缘进行描绘，但是你绘制的路径的某一部分没有贴近你想要的对象的边缘，你便可以单击其中一个点并将其移动，让你的路径与边缘齐平。此外，如果你创建了一个弯曲段，你会看到一到两个小杠杆（手柄）从那个点伸出来——它们是为了让你在弯曲段的左侧或右侧对它们的弯曲程度进行调整（它的工作方式就如同一个跷跷板）。若要调整弯曲程度，请单击任意一个杠杆末端的小点，向上/向下拖动以调整曲线，直到它与你想要描绘的对象边缘吻合。如果有太多的弯曲处，单击杠杆，朝着中心的那个点拖动。若要添加更多曲线，请将此杠杆的末端从那个点拉出。简而言之：实心黑色箭头能够移动你的整个路径，纯白色箭头负责调整路径中的各个零件或点。

删除、添加或更改点

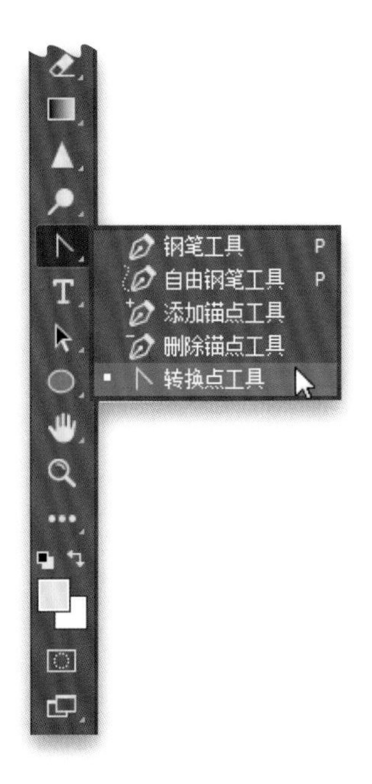

如果你沿着你的路径创建了一条曲线，却想要让它变得完全笔直；或者你绘制了一条直线路径，却想让它变弯曲，那么就有这样一个工具可以帮助你进行这种类型的切换。这个工具被称为“转换点”工具，它位于工具箱中，嵌套于“钢笔”工具之内（它是位于弹出菜单最底部的那个工具；它的图标看起来像一个箭头的尖端）。若要使用“转换点”工具，请单击一个弯曲的点，它便会变成直线（你会看到小的跷跷板杠杆消失，线条瞬间变得笔直）；若要让一段直线便弯曲，请单击并按住它拖动，便能拉成一道曲线。如果你需要给你的曲线添加更多的点，也有一个工具能够实现这一目的。它被称为“添加节点”工具，也位于“钢笔”工具的弹出菜单中（并且它看起来也很像“钢笔”工具，但它的鼠标指针旁边有一个小的 + [加号]）。单击任何路径的任何一个地方，便能够添加一个点。当然，既然有一个工具可以添加点，那么肯定也有一个工具能够删除点。这一工具被称为“删除节点”工具（它看起来也很像钢笔工具，但在其鼠标指针旁边有一个小的 -[减号]）。单击一个现有点，它便能将这个点删除。

Ps 提示：在边缘内绘制路径

为了使用“钢笔”工具达到更好的结果，在沿着你想要的区域描绘时尽量“往里挖一点”，而不是正好沿着选取区域的边缘描绘。这将有助于防止你沿着边缘描绘时产生一些多余的细小的白色间隙。

绘制自由形式的路径

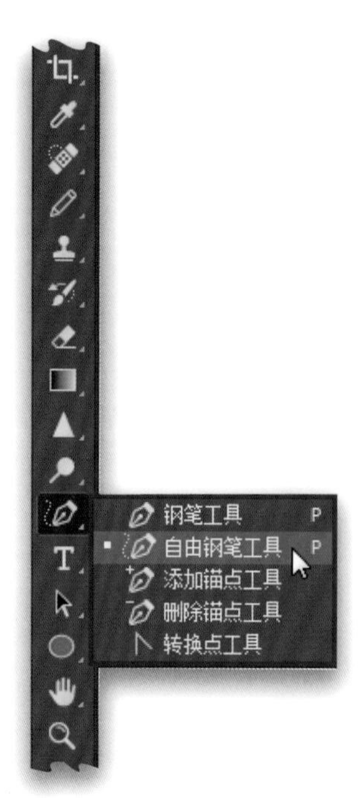

如果你想创建一条自由形式的路径，就像你使用“套索”工具那样，的确有一个特殊的“钢笔”工具可以解决这一问题。它被称为“自由形态钢笔”工具，嵌套于“钢笔”工具之内（它的图标看起来就如同“钢笔”工具，但它的笔尖部分会有一个“S”伸出来）。若要使用它，只需沿着要选择对象的边缘开始描绘，在你描绘的过程中，它会自动为你设置许多点。当你的路径绘制完成后（你已经将终点与起点连接了起来），你便能够看到它为你创建的点。那么现在你便可以使用“直接选择”工具（Shift-A；纯白色箭头）进行调整。

获取自定义画笔

在“选项栏”中，单击画笔缩略图（左起第二个图标）打开“画笔选择器”，然后单击“选择器”右上角的齿轮图标。在显示的弹出式菜单的下半部分，你将看到你可以加载的不同的自定义画笔全部集合。当你选择想要加载的集合时，会弹出一个对话框，询问你是否要替换（删除）当前画笔并使用它们，或者只是将这些新的自定义画笔添加（“附加”）到当前默认画笔集合的末尾。有一个好消息：你可以随意尝试这些画笔集合，因为你只需单击一下，便能重新加载默认画笔集。在同一个弹出菜单中，你也可以看到“复位画笔”。选择它，便会返回到默认的画笔集。

选择我的画笔大小

在你选择了任何一款使用刷子笔尖的工具（比如……嗯……“画笔”工具，当然，还有“仿制图章”工具、“减淡与加深”工具、“铅笔”工具、“橡皮擦”工具等）之后，你便可以从“选项栏”的“画笔选择器”中选择画笔的类型（硬或软）和大小。单击画笔缩略图（左起第二个图标），便会出现“画笔选择器”（它会弹出来）。你可以在这里看见一个默认的画笔集合，你可以通过滑块选择画笔的大小和硬度。你还能够预览每一种画笔的笔尖，这样你便能够轻松看出哪些是平滑的硬边画笔、哪些是软边画笔（软边笔尖的预览看起来会显得模糊一些）。

Ps 提示：使用方括号键更改画笔大小

想要更改笔尖大小的话，一定要使用“画笔选择器”。其实只需使用键盘上的方括号键（P键的右侧）。“[”（左方括号键）能让画笔尖端变小；“]”（右方括号键）能让画笔尖端变大。你还可以按住Option-Control（非Mac系统的电脑：Alt-Ctrl），单击你的图像并（1）向上 / 向下拖动，在视觉上改变硬度；（2）向左/向右拖动，改变大小。最后，如果在图像中的任何位置用右键单击画笔，“画笔选择器”便会出现在那个位置（省得你去“选项栏”里再次寻找）。

制作出渐变的效果

其实这个功能非常明显，因为你只需要使用“渐变”工具（G）来制作渐变的效果就好了。单击并拖动“渐变”工具，就可以在你开始拖动和停止的位置之间创建出渐变的效果。在默认情况下，它会创建出一个从当前前景颜色到你的背景颜色之间过渡的渐变。所以，想要改变颜色的话，只需改变你的前景和背景颜色即可。当然，其实还有很多其他渐变可供选择。在“选项栏”中，单击渐变缩略图右侧的向下箭头，便可以打开“渐变选择器”，你便能够看到可以选择的各种默认渐变。你只需单击你想要的就行。当然，你还可以加载其他的一些渐变（就像那些你加载其他画笔的方式一样）。单击“渐变选择器”右上角的齿轮图标，在弹出菜单的下半部分，你便能够看到你可以添加的所有不同的渐变集合。当你选择要加载的集合时，便会弹出一个对话框，询问你是否要替换（删除）当前渐变并改用它们，或者只是将这些自定义渐变添加（附加）到当前集合的末尾。你可以随时返回到默认设置，方法是仍从那个弹出菜单中选择“复位渐变”，它便会返回默认的渐变设置。

提示：从5种不同类型的渐变样式中作出选择

5种渐变分别为：线性渐变（颜色之间呈直线渐变）、径向（环形）渐变、角度渐变、反射渐变和菱形渐变。若要选择其中一种，请单击“选项栏”中渐变缩略图右侧的图标。

编辑渐变

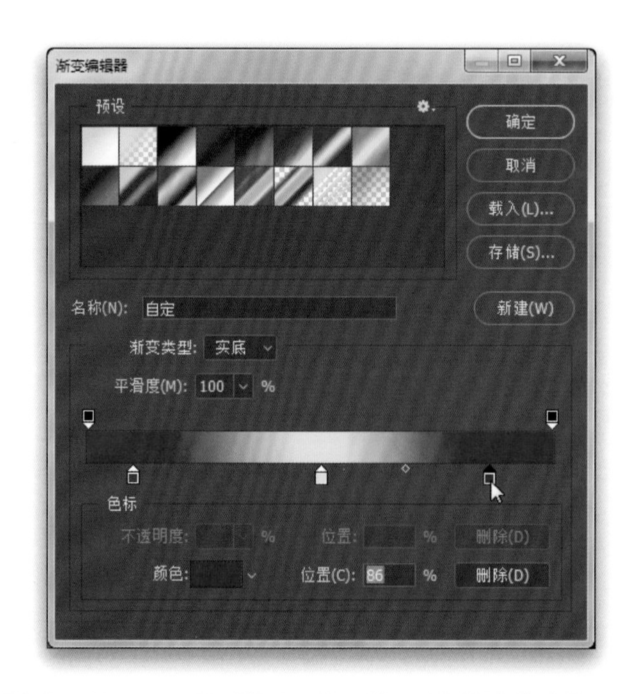

打开“渐变”工具（G），然后单击“选项栏”中的渐变缩略图（不要单击那个向下的小箭头，直接单击渐变缩略图就好），“渐变编辑器”就会被打开。单击对话框顶部的渐变预设，将其用作编辑的起点（例如，如果要创建具有3种不同颜色的渐变，请单击那个看起来具有3种颜色［我单击的是蓝色、黄色、蓝色预设，如上图所示］的渐变预设——这就帮你节省了一个步骤）。当你想要编辑的渐变在渐变斜坡上出现的时候，你就可以看到斜坡下方出现的图标（在我看来，它们就像是一座座小房子，但它们的技术名称叫作“颜色光圈”）。你可以向右或向左拖动这些颜色光圈，来更改渐变中某个颜色的平衡（看你是想要这个颜色多一些还是少一些），两种颜色之间出现的菱形小图标控制的是两色之间的中点（拖动其中一个，你便能够立即明白它的作用）。若要编辑其中一个颜色光圈的颜色，双击一个小房子图标，便会出现“颜色选择器”。若要添加更多颜色光圈，请直接单击渐变斜坡下方。若要删除颜色光圈，请单击它并将其拖离渐变斜坡。位于渐变斜坡上方的两个不透明度光圈可以让你增加透明度。例如，如果你想让它从黑色变为透明（而不是从黑色变为另一种颜色），你可以单击不透明度光圈来增加你想要的透明度，然后在靠近底部“不透明度”的板块中选择不透明度的数值。

创建像箭头、会话气泡、星星以及其他自定义形状

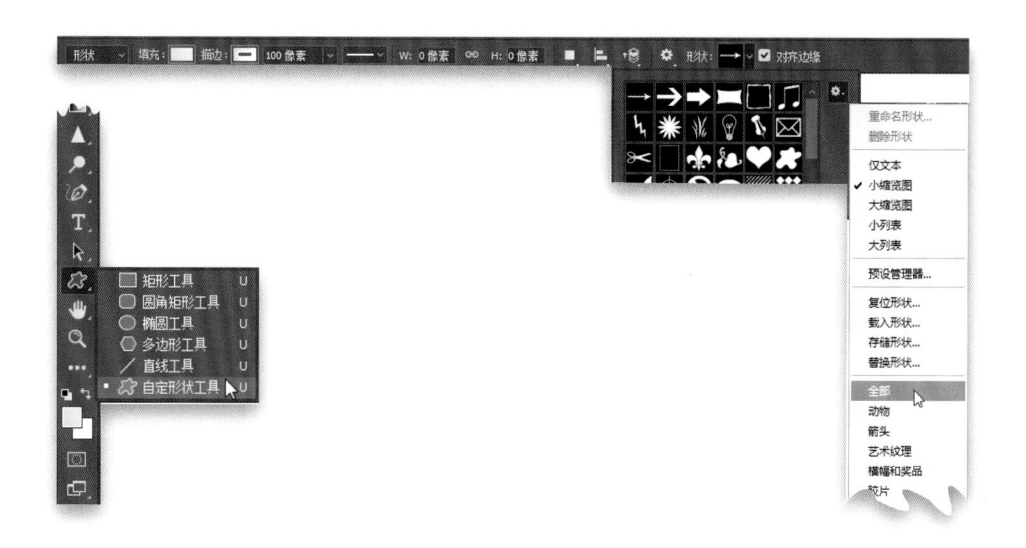

若要创建如会话气泡、箭头或其他形状的内容，请使用“自定义形状”工具。它位于“工具箱”中“手形”工具的上方——只需单击并按住“矩形”工具，然后从弹出菜单中选择它（它是菜单中的最后一个），或按Shift-U进行逐个寻找。现在在“选项栏”中，你可以看到当前所选择的自定义形状的预览，它会显示在“形状”缩略图中。单击缩略图，自定义形状的“形状选择器”将会出现。若要使用“形状选择器”，只需单击它，按住并将其拖动至你想要的图像大小。默认情况下，它会显示于当前图层上，所以，如果你希望它位于一个单独的图层上，请单击“图层”面板底部的“新建图层”图标，这样你便可以提前新建一个空白图层。此外，在“选项栏”的左侧，你会看到一个工具模式的弹出菜单，你可以在这里将你的自定义形状创建为一个“形状”图层、“路径”（这些选项更适合平面设计师），或者“像素”——这才更适合我们摄影师（它处理形状的方式会像处理其他图像一样）。顺便说一下，若要加载更多自定义形状，你可以单击“形状选择器”右上角的齿轮图标，一个弹出菜单将会出现，它列出了你可以添加（附加）到当前形状集合末尾的所有不同的自定义形状集合。你也可以替换（删除）当前形状，并使用它们。我通常都会在这个菜单中选择“全部”，一次性将所有集合加载完成，这样我便能够滚动翻看所有形状（并且我会在加载集合的时候做点别的事情——这样能更节省时间）。你可以随时通过从同一个弹出菜单中选择“复位形状”来返回到默认的自定义形状集合。

使用我的图像中已有的颜色

若要从当前打开的图像中“窃取”一种颜色，请从“工具箱”中选择“吸管”工具（I）（它的图标看起来如同一根小吸管），然后将这个工具的小图标放置于你想要使用的图像颜色之上。单击一下，这个颜色便会成为你的前景色（“工具箱”的底部会显示出来）。好啦，现在你已经知道了这一点。我有一个好主意可能会让你更好地利用“吸管”工具：默认情况下，“吸管”工具获取的是单个像素的颜色。但是，如果你将一个图像真正放到非常大，你一定能注意到，即使一个十分微小的颜色区域也是由一堆略有不同的颜色所组成的，所以你单击之后可能得到的并不是你想要的那个颜色。这就是为什么我将这个工具（位于“选项栏”中）的“取样大小”选项设置为“3乘3平均”，而不是将其设置为默认的“取样点”。这样，你便可以获得该区域颜色的平均值，而不是从随机散射的像素中拾取一个颜色。总之，我想你会得到更好的、更符合你期待的结果。

选择一种颜色

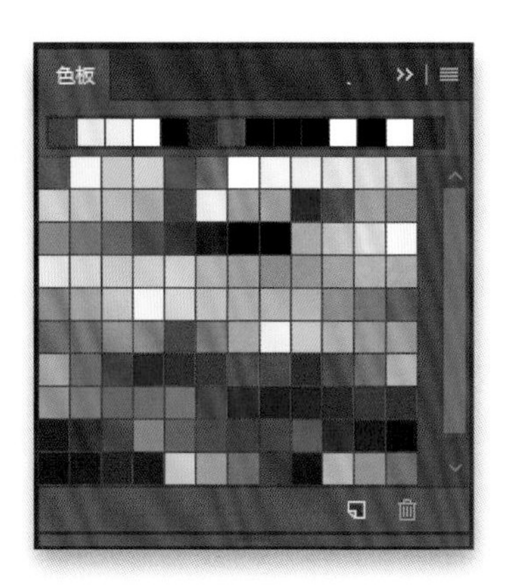

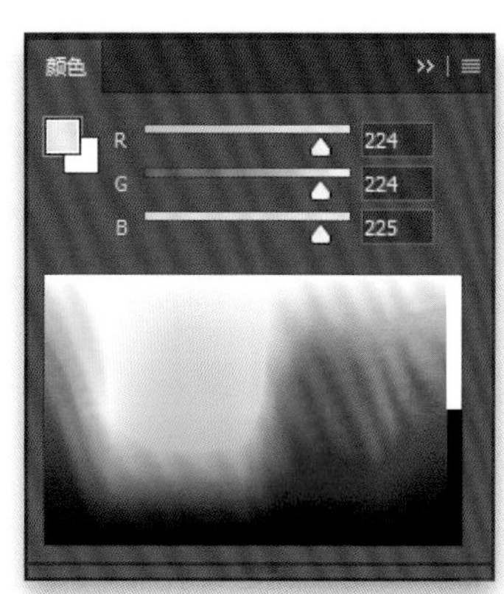

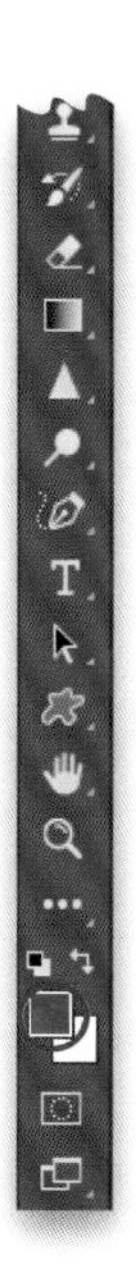

好吧，其实选择颜色的方法有好几种："色板"面板（在"窗口"菜单下选择"色板"便能开启）下有许多不同颜色可供选择。若要使用其中某一种颜色，只需单击它，它便会变成你的前景色（你的前景色指的是现在用来绘制图形的颜色。所以，如果你单击红色色板，并使用"画笔"工具，它便会用红色进行绘制；如果你创建了某种类型，它也会显示为红色，等等）。若要加载不同的颜色样本集，你只需单击面板右上角的小图标（带有4条线的那个），便会出现一个其他颜色色板集的弹出菜单。如果你想要创建一个可以保存为色板的新颜色，请打开"色板"面板，单击面板底部的"新建前景色样本"图标，它便成为一个色板。另一种方法是使用"颜色"面板（从"窗口"菜单中选择"颜色"）。"颜色"面板的右边有一个垂直色调滑块，你可以选择你的基本颜色；中间的大矩形是用来选择饱和度（颜色的鲜艳程度）的地方，只需在这个矩形中单击并拖动即可。你在此创建的颜色将成为你的新前景色。此外，在"工具箱"的底部附近，你会看到两个重叠的方块。前面的一个方块是你的前景色，若要改变这个颜色（在不需要调出"色板"或"颜色"面板的情况下），只需单击它，"颜色选择器"便会出现（它看起来像一个更大版本的"颜色"面板）。在这里选择一种颜色，它就会成为你的前景色。

绘制直线

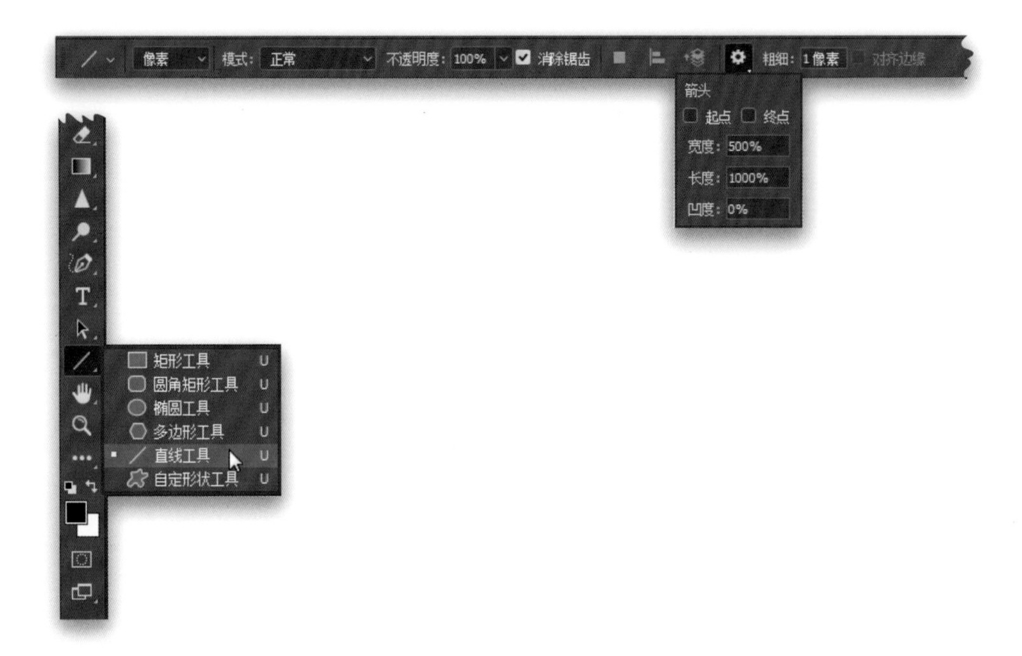

想要绘制直线就请使用“直线”工具（我知道这看起来就是一句废话）。它位于“工具箱”中的“手形”工具上方，嵌套于“矩形”工具之中（它就是那条对角线）；或者直接按下Shift-U，逐个切换寻找。找到“直线”工具之后，只需单击并拖动，它便能绘制出一条直线。在“选项栏”中，你可以在“粗细”字段选择直线的粗细——数字越大，直线越粗。选项栏左侧的工具模式弹出菜单为你展示了已选择的“形状”。单击并按住该弹出式菜单，选择“像素”，就能打开一个更加“摄影师友好”的直线，它和图像一样由像素组成（如果不选择“像素”的话，这个直线就只能创建一条路径，就像你使用“钢笔”工具绘制出的线条或特殊“形状”图层——这两者都更适合平面设计师）。再补充一个你可能想知道的事情：你可以在任意一条直线的起点或终点添加箭头（嘿，我不说的话，你可能永远都不会知道），只需单击“选项栏”最右端的那个小齿轮图标即可。然后，你就可以打开箭头，选择其粗细了。

生成文字

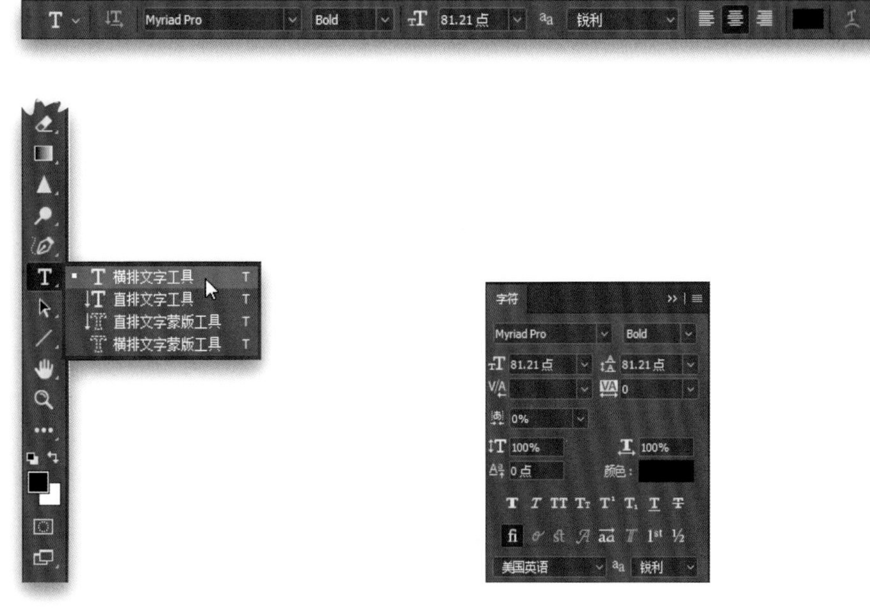

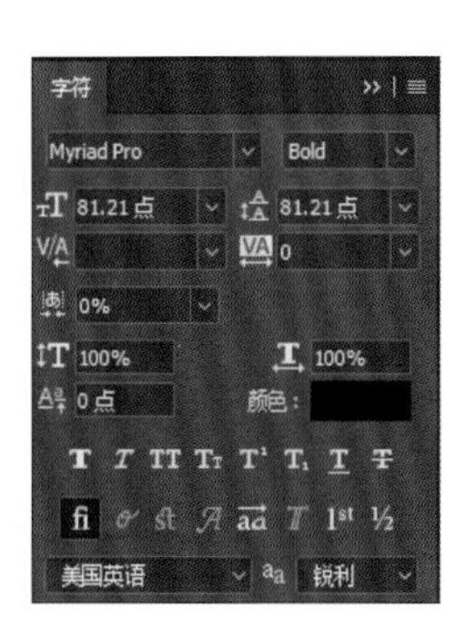

打开“横排文字”工具（T），在图像中的某个位置单击它，便可以开始输入文字。你可以在“选项栏”中选择字体和大小（当你开始输入时，它会使用你上一次使用过的字体和大小。所以，若要更改文字字体，请先选中它，然后从弹出菜单里选择一个新字体）。如果你真的想尝试一些专业输入的功能，可以在“窗口”菜单下，选择“字符”，便会出现许多输入控件（设置基线偏移、上角标，设置两个字符间的字距微调、OpenType字体，等等）现在，如果你的内心充满了“啊？”的疑问，那么你可以跳过打开这个面板的步骤）。当你开始输入时，你的文字会以一条长行的形式呈现，这样你便需要通过按下Return（非Mac系统的电脑：Enter）键来进行手动换行，以防你的文字超出图像的边缘。如果你希望你的文字待在某个特定的区域，那么你应该在开始输入之前单击“横排文字”工具，然后将这个文字框拖至你想要的区域大小。这样，当你输入文字的时候，你的文字将自动换行（与那些常规文字应用程序的操作方式相同）。

Ps 提示：使用移动工具调整文字

当你输入完成之后，可以通过“工具箱”中的“移动”工具来轻松改变文字的尺寸，然后按Command-T（非Mac系统的电脑：Ctrl-T）来启动“自由变换”（你的文字附近会出现一个扳手和一个盒子），轻松地改变它的大小。按住Shift键（如果你想保持它的比例），抓住一个角手柄，将其向内拖动（缩小文字）或向外拖动（放大文字）。完成后，按下Return（非Mac系统的电脑：Enter）键锁定转换。

绘制单个像素线

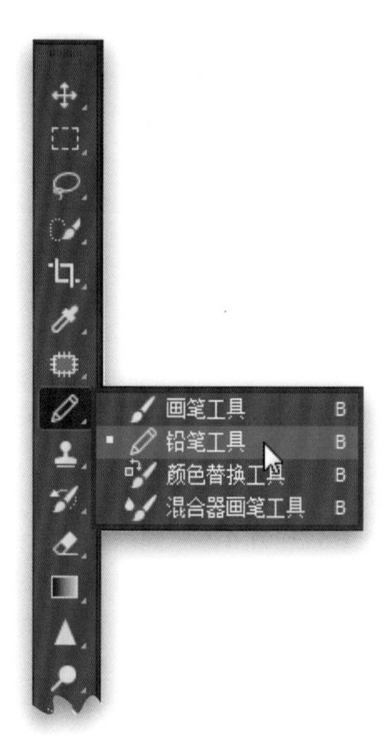

你可以使用“直线”工具，并将其设置为1像素的宽度。但对于这样的东西，你可能需要使用“铅笔”工具（它嵌套于工具箱中的“画笔”工具之中；或按Shift -B逐个切换来寻找）。在默认情况下，它会绘制一条1像素的硬边线——你可以拿起“铅笔”工具来自由绘画。若要创建一条直线，请先按住Shift键，在你想要绘制的地方单击“铅笔”工具，移动鼠标指针至结束的位置，再次单击“铅笔”工具，起点和终点便会连接起来。这就像一个“连接点”工具。

擦除某个东西

毫无疑问，你需要使用的就是“橡皮擦”工具（E）。它的图标看起来就像一块橡皮擦，它只能擦除像素（它无法擦除文字，因为文字不是由像素组成的。如果你需要删除某些文字或部分文字，请在“图层”面板中用右键单击文字图层，选择“栅格化图层”。这会将你的文字由一个形状变为像素，这样你便可以使用“橡皮擦”工具了）。默认情况下，它通常会使用硬笔触刷头（就如同一块真正的橡皮擦）来擦除像素，但如果你想要使用软笔触橡皮擦，那么你可以从“选项栏”的“画笔选择器”中进行挑选（在“画笔选择器”里单击画笔的缩略图即可打开）。

选择主体背后的背景

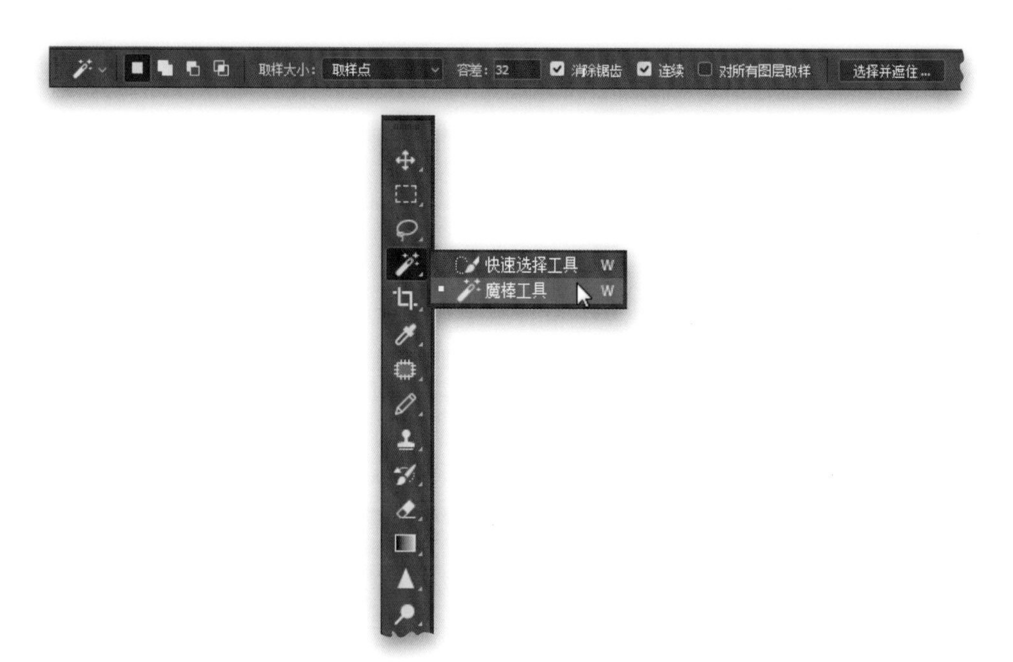

从“工具箱”里选取“魔术棒”工具（它的图标看起来就如同一根有魔法的……棒子；或按Shift-W逐个选取），然后在你想要选择的区域单击一次。如果它是一块纯色区域，如一片漂亮的蓝色天空或一面纯色的墙，单击一下可能就能选择整块区域，这样你便能够对这块区域进行编辑。如果单击之后，只选择了它的一部分，不是全部的话，按住Shift键（这能让你保留当前已选择的部分），然后再单击未选择的部分（例如，如果你的蓝天中包含了云朵，“魔术棒”可能没有选择它们，这样你就按住Shift键，然后单击云朵所在的每个区域，它们便会添加到你的选择区域当中）。不过，如果选择得过多（它选择了你不想选择的区域），请按照以下3个步骤进行操作：（1）按Command-D（非Mac系统的电脑：Ctrl-D）来取消你已选择的区域，然后单击你想要选择的部分进行重新选择（例如，如果你单击的是天空的右侧，但选择的区域过多，取消选择这部分之后，可以试着单击天空的左侧来看看效果如何。它需要尝试的次数会超过你的想象）。（2）取消选择，然后到“选项栏”中将“公差”的默认设置30降低一些。“公差”的数值决定了它会包括的颜色范围，因此输入较低的数值（如20、10或5）意味着它所囊括的颜色会更少一些。或者，（3）切换至“套索”工具（L），按住Option（非Mac系统的电脑：Alt）键，将“魔术棒”工具所选择区域中你不需要选择的区域描绘出来。这些区域将会从所选区域中删除。

使用辅助工具选择选区

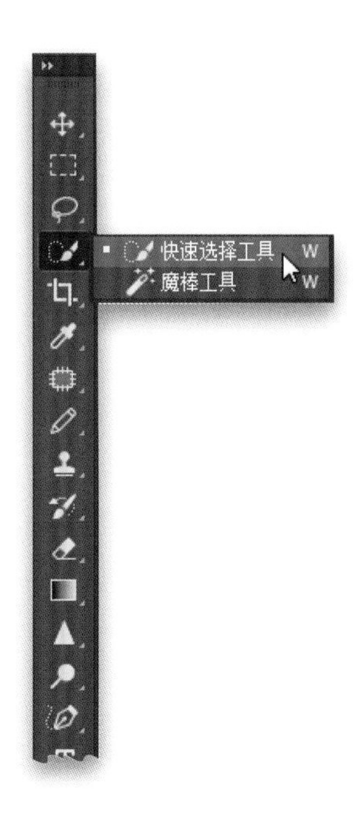

当我选择比较复杂的东西并且想要让Photoshop完成大部分工作的时候，我通常会使用“快速选择”工具。首先从“工具箱”中获取“快速选择”工具（它嵌套于“魔术棒”工具之中；或者就按W键开启它），只需在你想要选择的对象上进行描绘，在你描绘的时候，它便已经开始选择。它刚开始选择的时候可能看起来效果很糟糕，但在一两分钟之后，它会重新分析对象的边缘，然后通常会做出一个相当不错的重新调整。它并不能做出十分完美的选择——它的目的只是通过感测你所描绘的区域的边缘帮助你做出更快的选择（你所描绘的边界越精准，效果便会越好）。当“快速选择”工具的所选区域差不多的时候，便可以切换至“套索”工具（L），按住Shift键（将接下来的选择区域添加至当前所选内容），继续描绘“快速选择”工具遗漏的区域，将它们添加至你当前所选内容。将这两个工具搭配使用，便能节省大量的时间。

对图像进行裁剪

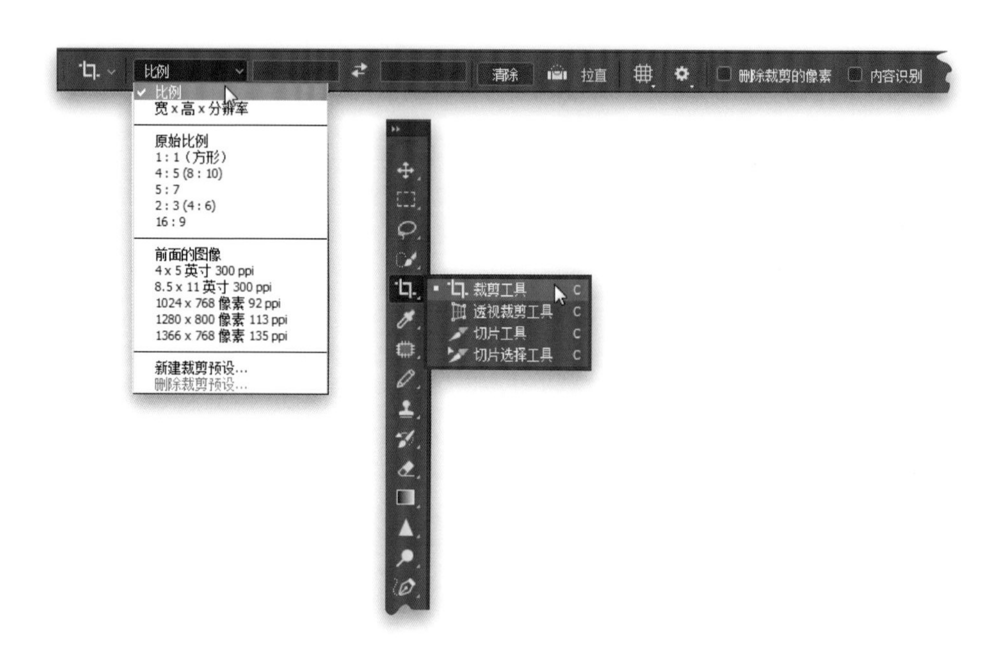

你可以使用Photoshop中最常用的工具——“裁剪”工具。当你在“工具箱”中单击它（或按C键开启）时，你的图像上便会立即出现一个3×3的网格（如果你在“选项栏”的偏好设置中选择了这个叠加选项），并且这个网格的侧边与角落里还添加了一些裁剪手柄。若要进行裁剪，请抓住那些侧边或角落中的一个手柄，开始拖动。那些将被裁剪掉的区域便会呈现出暗一些的颜色。如果你希望按照比例进行裁剪，请在拖动时按住Shift键。完成后，若要锁定裁剪，请按Return（非Mac系统的电脑：Enter）键。如果你已经知道你想要的尺寸或宽高比，可以从那些内置的裁剪比例中进行选择。你可以在左边的弹出菜单的“选项栏”中找到，同时“裁剪”工具处于已选状态。

将某个工具复位为默认值

我不知道为什么，工具中的“复位”按钮被彻底隐藏了起来。若要将某个工具重置为出厂默认设置，请先选择此工具，然后“选项栏”的左侧将显示当前选定工具的图标。右键单击此图标，将出现一个隐藏的弹出菜单，其中有两个选项：“复位工具”——这就是你想要选择的选项，或“复位所有工具”——它会将所有 Photoshop 工具全都复位为出厂默认设置。就是这样。

拉直图像

按C键获取“裁剪”工具，然后在“选项栏”中单击“拉直”工具（它的图标看起来如同一个水平仪）。拿起“拉直”工具，沿着你想要变直的一条边缘（水平或垂直）拖动它，它便会立即旋转你的裁剪，让它变直。若要锁定拉直的效果，请按Return（非Mac系统的电脑：Enter）键。

让我的图像的一部分变亮或变暗

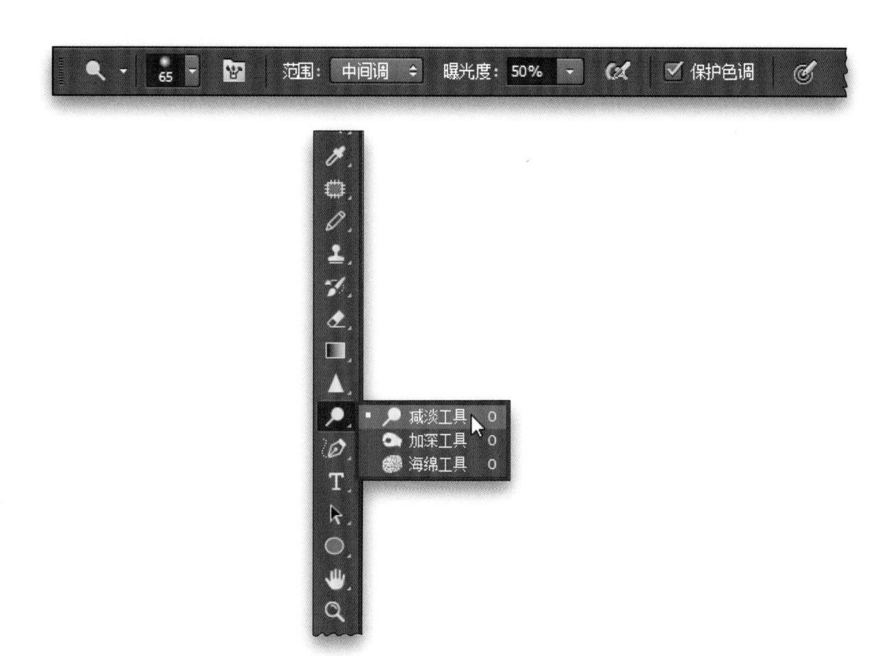

在Photoshop中，可能有十几种甚至更多的方法可以使你的图像某个部分变亮（减淡）或变暗（加深），但你也可以使用一些工具来达成这一效果。从“工具箱”中选择“减淡”工具（O），只需在你想要变亮的区域涂画即可。增亮的强度由“选项栏”中的“曝光设置”所控制（数值越高，笔触的强度越强。只要你的“曝光设置”不是100%——默认值为50%，当你在一处反复涂画时，笔触的效果也会叠加）。要使某个区域变暗，请使用“加深工具”（它嵌套于“工具箱”中的“减淡工具”之中，或者你可以按下Shift-O键逐个切换寻找）。“加深工具”的工作原理与“减淡工具”相同，但它的效果是变暗而不是变亮。注意：确保“选项栏”中的“保护色调”复选框一直处于打开状态，否则它会使用一些旧的计算方式，结果将会十分可怕。

撤销对图像某一部分的更改

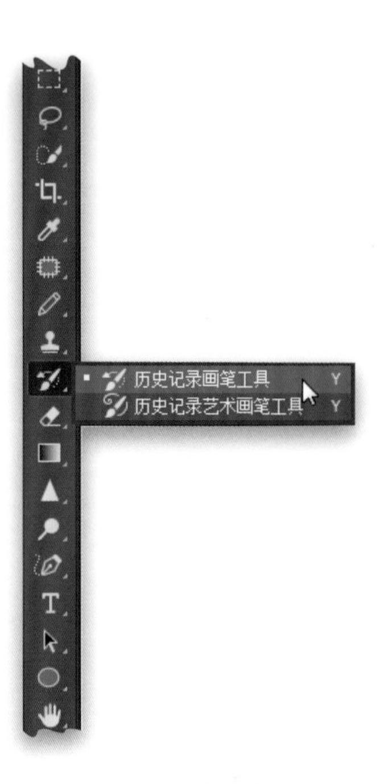

信不信由你，你可以通过“涂抹”的方式来撤销（只要你没有调整你的图像尺寸，或将其颜色模式由RGB变为CYMK，或做出类似的调整——因为如果已经进行了这些操作，它便不会起作用了）。想要这样做的话，你需要使用“历史记录画笔工具”（Y；它的图标看起来如同一个带有圆形回箭头的刷子，巧妙地暗示你将“回到过去”）。你就直接抓住它在一个区域涂画，这个区域便会回到你第一次打开图像时的模样（是不是超酷？）。如果它在你涂画的时候弹出一个“禁止”的图标，便意味着你对图像已经进行过某些操作（调整过它的大小，裁剪过它，等等），这使它无法回到最初你打开图像时的状态。所以，这种情况下你就自认倒霉吧。

提示：选择撤销多少涂画

默认情况下，“历史记录画笔工具”会帮你将图片恢复至它最初打开时的状态，但如果你打开“历史记录”面板（在“窗口”菜单下），你可以单击最近20次修改的任何内容进行编辑。最后，如果你在编辑过程中随时想要回溯到修改列表中的某一个特定点，请单击“历史记录”面板底部的“创建新快照”图标（它看起来如同一个相机）来创建你的图像在那一刻的快照。这样你便不必担心只能回溯至最近20个步骤——你可以随时追溯你的图像在任何一个时刻的状态。

保存我对某个工具的偏好设置

如果你发现了一组特定的设置非常适合某个工具（例如，你希望在使用“画笔”时搭配使用你加载或创建的某个自定义画笔、某个特定的硬度设置，以及特定的不透明度），你便可以将所有这些保存为工具预设。然后，具备所有这些自定义属性的画笔只需轻击一下即可出现。你可以先用自己想要的方式来设置工具，然后进入“选项栏”，单击左侧的工具图标。当“预设选择器”出现时（Adobe在这里放置了一些默认预设，但你也可以删除它们），单击“创建新工具预设”图标（它位于右上角的齿轮图标的正下方）。你现在便可以给你的预设命名，如果你愿意的话，你甚至可以选择将你当前的前景色也添加进自定义设置当中。单击“确定”，这样当你想要开启这个自定义工具的时候，只需在“预设选择器”的列表中选择它，你就可以开始操作啦！

第3章

如何熟练使用 Camera Raw

常见功能

许多摄影师都非常惊讶地发现，现在随手拿起一本关于Photoshop的书，都充斥着对Camera Raw的推崇。但老实说，正是因为有了Camera Raw，我们大部分的基本编辑工作才能得以完成。在后文我的确会讲述一些关于色阶和曲线的事情，但是对于今天的摄影师而言，使用色阶和曲线来处理他们的图像（无论他们的图像是否以Raw格式拍摄）还真的有点儿老土。真的算得上“老派”。现在，你可能对这句话感到非常熟悉——“没有哪一派会像老派那么老！”但这句话其实完全与Photoshop不沾边儿。为了以防万一，我还是去求助了一下《城市词典》，看看它是如何解释“老派”一词的。它是这样描述的：“来自较早的时代并被予以高度尊重的东西。可以用来指音乐、服装、语言或任何真实存在的东西。”Photoshop所属的范畴应该是这句话的最后一部分——“任何真实存在的东西”。现在，你们应该明白，我对曲线和色阶给予了相当多的尊重，并且我在以前自己的书中，一边听着老式的说唱（“I wanna rock right now. I’m Rob Base and I came to get down. I’m not internationally known, but I’m known to rock a microphone!”[这是歌手罗博•贝斯（*Rob Base*）的歌曲*It Takes Two*——译注]），一边为曲线和色阶分别撰写了整整几个章节。这正是为什么这些章节中会有那么多关于摇滚的无意引用，而只有极少数懂行的人才能看得出来。无论如何，这才是重要之处：你是想要学习我们“过去的做事方式”（老派）还是想要学习我们现如今的做事方式（顺便说一下，我们现在已不再使用公共马车以及黄油搅拌器，但它们在曾经的某个时间段属于“最先进的技术领域”）？所以，带着这个问题阅读下面两个章节，我相信它会“颠覆你的世界”（请不要在《城市词典》里搜寻这个词，因为我所表达的含义和它的释义并不一样）。

扩展图像的色调范围

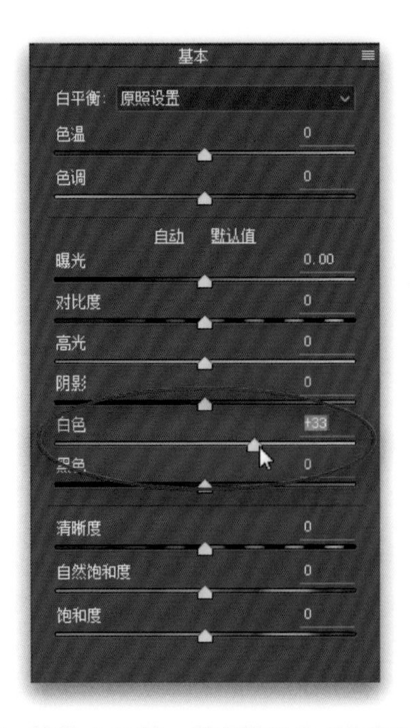

在“基本”面板中，按住Shift键，并直接双击“白色”滑块，然后双击“黑色”滑块。这个操作会让白色滑块和黑色滑块自动滑至最远处，并且不会有高光溢出（对，我们就是这个目的。偶尔，白色滑块确实会造成少量的高光溢出），这会扩大你的整体色调范围。如果你以前使用过Photoshop，你可能会记得曾做过这种类型的事情（不过这些滑块不会自动移动），但我们曾经使用“色阶”对话框来进行操作，它以前被称为“设置你的白点和黑点”。其实这都是同样的事情；我们现如今的方式只是让这些滑块能够自动达到这个效果（这真是太棒了）。你可能认为这是你开始调整图像时做的第一件事，因为你将开始扩展色调范围。接着，当你设置了白点和黑点之后，便可以回去调整曝光量（使整体图像变亮或变暗）。

调整总体曝光

虽然不是只有一个滑块可以达成这一效果，但最方便的途径是使用“曝光”滑块（它位于“基本”面板之中）。它不会覆盖最暗的区域（黑色）或最亮的区域（白色），但它涵盖了所有重要的中间色调范围（而且还远不止于此）。所以说到曝光，它对你的图像有着最大的整体影响。在Camera Raw的早期版本中是没有“曝光”滑块的。相反，这个滑块被称为“亮度”，它负责控制整体亮度（不过，它不仅名字从“亮度”更新到了“曝光”，其计算方式也进行了更新）。但是，知道它曾经的名字能够帮助你了解这个滑块的主要作用——它负责控制亮度，将其向右拖动，图像变亮；将其向左拖动，图像变暗。

处理高光溢出

在“基本”面板中，向左拖动“高光”滑块，直到直方图右上角的白色三角形变为纯黑色。如果你需要将它拖至相当靠左的位置，它便会对你的图像的整体外观造成太大的影响。所以，如果你发现自己拖动滑块时必须向左拖动很长的距离，可以先尝试将“白色”滑块的数值降低一点，看看是否有所帮助（这样，你就可以避免通过将Camera Raw的某一滑块拖至最左或最右而造成一种“过度编辑”的效果）。如果将“白色”滑块的数值降低没有什么帮助，并且图像中仍然存在高光溢出的话，你可以尝试将“曝光”滑块的数值降低一点点【欲知更多有关高光溢出的信息，请参见“保证我的颜色（白平衡）正确”】。

处理颜色浅淡的照片

如果你的照片看起来颜色很浅（尤其是与你拍照时在相机取景框里所看到的画面相比），最佳的快捷处理途径之一便是向右拖动“对比度”滑块（在“基本”面板中可找到）来增加对比度。这一个简单的操作就已经完成了很多事情，除了会使你的图像中最暗的区域变得更暗、最亮的区域变得更亮（这正是增加对比度的作用），还会使你的图像中的颜色显得更加丰富，从而让图像更加充满活力。此外，我们的眼睛也能感觉到现在的图像与之前的相比，对比度更大，锐化程度也更深。就个人而言，我只会使用“对比度”滑块。如果你觉得你需要更多的操控，或是希望获得的效果比这一个滑块所带来的效果更加新鲜有活力的话，你可以到“曲线”面板上去寻找。第一种方式是使用弹出式菜单中的一个“点曲线”预设；第二种方式是通过单击并拖动那些点，直到“S形”变得更陡。这样，任何一个“S形曲线”预设的形状起伏越大，也就意味着其所代表的对比度越大（S形越陡，它所创建的对比度便会越大）。“曲线”对比度的效果会好于你之前使用“对比度”滑块的所调整的任何效果，所以你可以疯狂地去调整对比度（再次声明，我很少使用“曲线”方法，因为使用“对比度”滑块就已经很棒了。但是，如果你处于一个对比度很低的情况下，就应该使用“曲线”。至少你现在知道了另一个能帮助你增加对比度的方式）。

增强图像的纹理

在“基本”面板中，只需将“清晰度”滑块向右拖动，即可立即增强图像中的任何纹理。在拖动此滑块时，请注意时刻观察你的图像，因为如果将滑块拖动至太远处，图像中物体的边缘附近便会出现黑色的光圈或光晕，这就是警告你马上就快要毁了这张图像。你拖动滑块移动的距离仅仅取决于图像。那些有很多明确定义的硬边缘的图像——自然风光、城市风景、汽车图像，可以采用很高的清晰度；而其他图像，如人物肖像或花朵，以及一些比较柔和的东西，它们所需的清晰度可能会相对低一些。

保证我的颜色（白平衡）正确

若想要让你的白平衡保持正确、一切都按部就班的话，有3种方法。(1) 使用“白平衡预设”弹出菜单（位于“基本”面板的顶部）。默认情况下，菜单被设置为“原照设置”，这意味着你将看到的白平衡就是当你在拍摄时相机中所设置的那样。单击“白平衡预设”弹出菜单，可供选择的所有内置白平衡选项都会陈列于你的眼前（只有当你以RAW格式拍摄时，全部选项才会出现。如果以JPEG格式拍摄，你只会看到“原照设置”“自动”和“自定”。顺便说一句，“自定”的意思是“通过移动滑块自己完成”，所以它真的不算是一个预设）。在拍摄时请选择一个最适合当时照明情况的预设。如果你选择一个精确匹配当时照明情况的预设（例如，在一个有着日光灯的办公室拍摄，于是你选择了“日光灯”预设），但它的效果并不太理想，那就再选择一个别的预设。谁在乎预设叫什么名字？一定要选择看起来最适合的那个。(2) 第二种方法是尽可能地使用一个与当时照明情况非常接近的预设，然后使用“色温”和“色调”滑块来对颜色进行调整。这些滑块能够清楚地显示出通过拖动来增加的颜色，所以将滑块拖向你想要的颜色（例如，向黄色方向拖动可以使图像看起来较暖，向蓝色方向拖动可以让图像看起来较冷）。(3) 第三种方法是我最喜欢的方法：使用“白平衡”工具（I；窗口顶部“工具栏”中那个形如吸管的图标），只需单击图中浅灰色的东西（如上图所示）。如果图中没有浅灰色的东西，那就寻找某个中性色（不会太深、不会太亮、不会太多彩）的东西。

提高图片的整体颜色

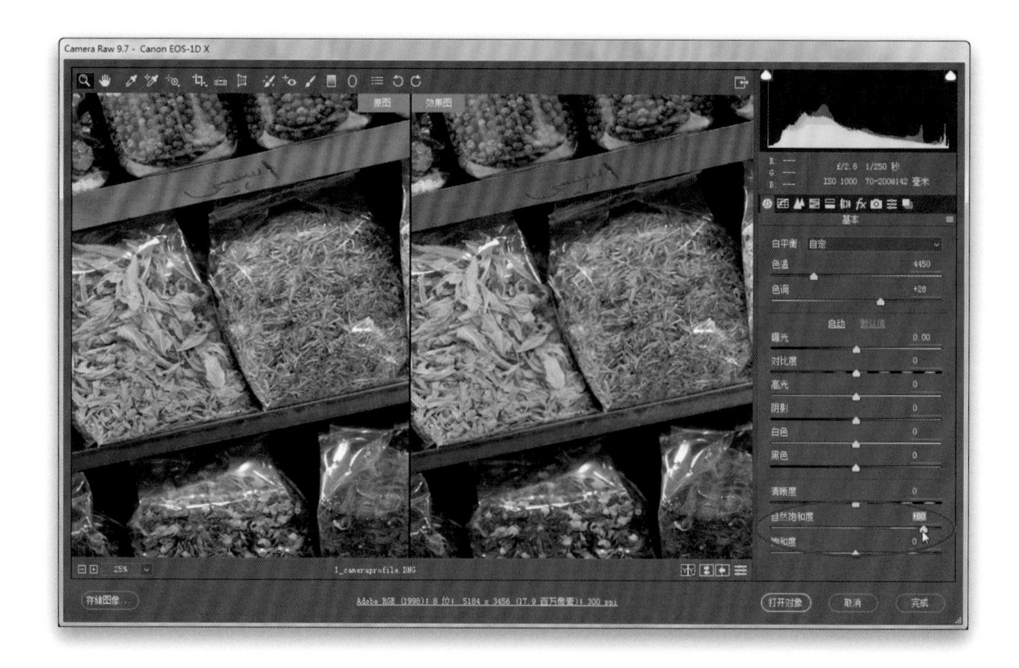

不要触碰“饱和度”滑块——它只会使你的图像看起来色泽过于艳丽。你只是想要让“色彩鲜明一些”，所以你需要使用的其实是“自然饱和度”滑块（在“基本”面板中就可以找到）。它是一种“智能颜色提亮器”，因为当你把它向右拖动时，它便能使任何暗淡的颜色都变得生动。它几乎不会影响已经足够鲜明的颜色（这一点非常棒），并且它会尽量避免肉色调，所以它不会让你的照片中的人看起来像被晒伤了，或像是得了黄疸一样。如果你的图像颜色过于鲜艳，它还可以帮助你将饱和度降低一点——只需将滑块向左拖一点。

只提亮一种颜色

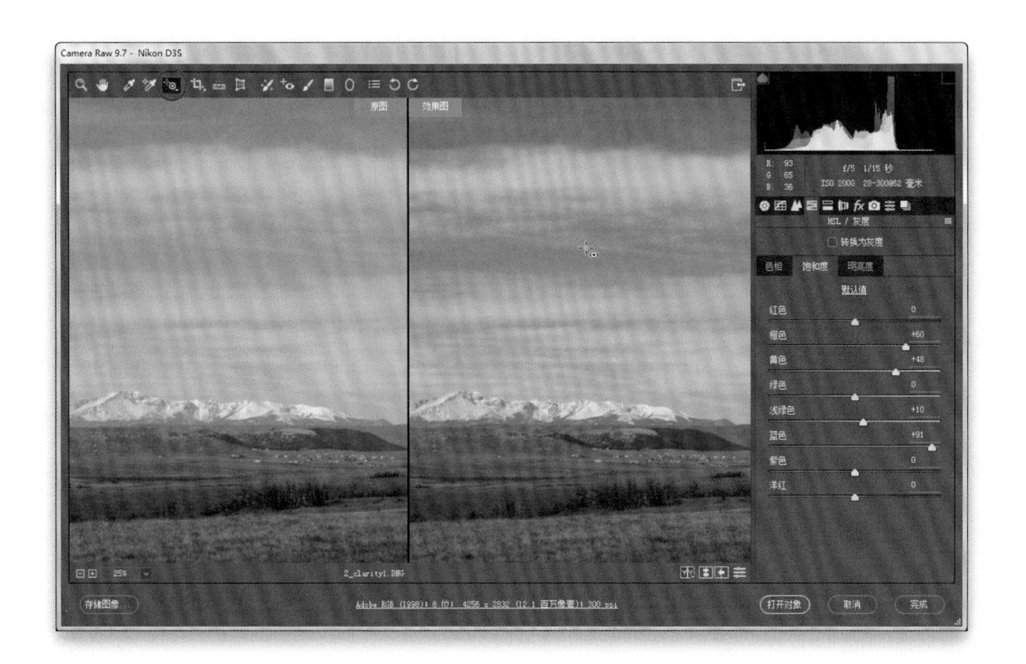

单击直方图下面的“HSL / 灰度”图标（它是左起第四个图标）。当面板出现时，单击“饱和度”选项卡（“HSL”代表色相、饱和度和亮度），然后在窗口顶部的“工具栏”中可以看到一个工具，它的图标看起来如同一个左上角有一个+（加号）的小靶子（它是左起第五个）。这是TAT（定向调整工具）。单击它将其激活，然后将其移至图像中你想要加深（或去饱和）的那个具有单独颜色的区域——比如蓝天、绿草或某个穿着黄色衬衫的人——只需单击并向上拖动即可加深此种颜色（以及任何相关的颜色）的程度。例如，图像中的天空可能算不上是蓝色，而是淡淡的水色。当你拖动的时候，它能够识别，并会自动为你移动两个滑块。单击并向下拖动便可以减小颜色的鲜艳程度。若要更改颜色的亮度，单击“亮度”选项卡，单击并向下拖动TAT，颜色便会加深，变得浓郁。如果你想要彻底变换一种颜色（例如，你想让黄色的衬衫变为绿色），首先单击“色相”标签顶部，然后单击并向上 / 下拖动TAT，直到颜色更改为你需要的即可。注意：这不只是改变那一个区域中的一种颜色，它还会改变图像中所有与之相似的颜色。所以，如果你的天空为蓝色，你的被摄主体穿着一件蓝色的衬衫，尽管你只想要调整其中一个的颜色，但是天空和衬衫的颜色都将会改变。

修复背光照片

若要让这些阴影变得更像是在拍摄时我们的眼睛所看到的那样，请在“基本”面板上单击并向右拖动“阴影”滑块。背光问题是常常会遇到的。我们的眼睛非常神奇，它们可以自动调整超级大的色调范围，甚至比最昂贵的相机传感器所能调整的色调范围都大。所以，当我们站在被摄主体前的时候，他们在我们看来并非一个阴影轮廓——我们能看到他们的每一处细节。当我们通过数码单反相机取景器看他们的时候，他们仍然看起来得到了正确曝光。但是，当我们按下快门，图像传递至我们的传感器时，传感器所捕获的色调范围会窄很多——这就导致了你的被摄主体看起来如同一个轮廓。幸运的是，“阴影”滑块的效果非凡——只需将其向右拖动，接下来就是见证奇迹的时刻。如果你需要向右拖很长的距离才能使你的被摄主体脱离阴影的话，可能你的图像看起来会有点儿褪色。所以，如果这种情况发生了，你只需要增加对比度（将“对比度”滑块向右拖动），直到它看起来不像褪色为止。

裁剪照片

首先单击窗口顶部“工具栏”中的“裁剪”工具（C），然后只需单击并按住它，将它拖至你想要保留的图像区域即可。那些将被裁剪的区域便会变暗。若要更改裁剪区域，只需单击并拖动出现在裁剪边框的角和边附近的任何一个小手柄。若要移动整个裁剪边框，只需单击边框内的任意位置，然后将其拖动至你想要的位置。若要按比例调整大小，请按住Shift键，然后单击并向里或向外拖动边框角落的手柄。若要将裁剪区域从横构图变为竖构图（反之亦然），只需按键盘上的X键。若要旋转裁剪区域，请将鼠标指针移动到裁剪边框外，并将其图标更改为双向箭头。单击并拖动以旋转整个裁剪边框。当裁剪区域已满足你的需求之后，按Return（非Mac系统的电脑：Enter）键锁定。最后，若要删除裁剪边框，只需单击Delete（非Mac系统的电脑：Backspace）键。

裁剪为特定尺寸

首先单击并按住“裁剪”工具（工具栏顶部），便会出现一个包含一系列裁剪选项的弹出菜单。菜单中的第一个选项“正常”指的是常规的自由形式裁剪。若要选择特定的裁剪比例，请从那个弹出式菜单中选择（例如，4:5）。当你单击并拖动裁剪工具时，它会被自动限制为4：5的比例尺寸。当裁剪区域已经满足你的需求之后，可以将它更改为任何其他的裁剪比例，同样只需从那个弹出菜单中选择，它便会立即变为你选的比例。若要彻底删除裁剪区域，只需单击Delete（非Mac系统的电脑：Backspace）键。

拉直一张歪斜的照片

下面将为大家介绍3种方法来拉直一张歪斜的照片。（1）首先单击工具栏中的“拉直”工具（A）（位于窗口顶部；它是左起第七个工具），然后只需将它沿着你想要拉直的边拖动（如果是一幅风景照，你可以沿着水平线拖动这个工具），它便会将你的照片拉直。（2）让Camera Raw插件为你自动调直。单击直方图下方的“镜头校正”图标（它是左起第六个图标），单击“手动”选项卡，在“Upright”菜单里单击“水平”图标（它位于正中心的位置）。（3）你可以自己旋转照片来让它变直：单击工具栏中的“裁剪”工具（C），将鼠标指针移至裁剪边框外，然后单击并向你想要旋转的方向拖动。当图像看起来平直时停止拖动，然后按Return（非Mac系统的电脑：Enter）键锁定裁剪。

消除暗角

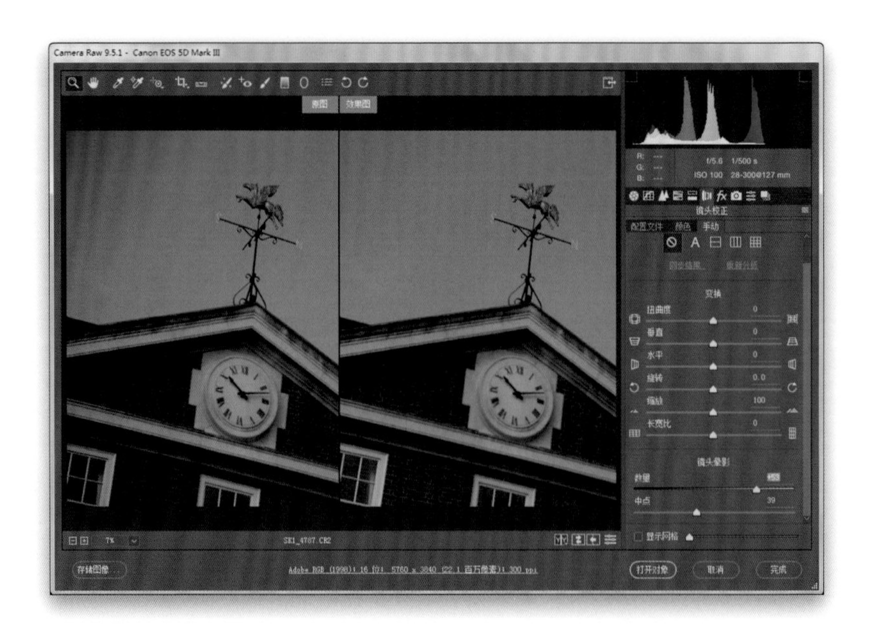

若要消除边缘渐晕（由镜头引起的问题），请单击直方图下方的“镜头校正”图标（它是左起第六个图标），然后单击“配置文件”选项卡，并打开“启用镜头配置文件校正”复选框（你的镜头品牌和型号应该出现于下面的弹出菜单中。如果没有，请参阅下面的提示）。通常这就已经能够解决问题了，但如果它没有完成任务的话，还可以使用面板底部的“晕影”滑块来适量微调，你可以看看它是否有所帮助。如果这仍然无法解决问题，那么你就必须手动操作了：单击“手动”选项卡，在底部你会看到两个“晕影”滑块。将“数量”滑块向右拖动，将图像的角落提亮，从而消除暗角问题。另一个滑块叫作“中点”，它能控制边缘亮度在延伸至图像中的程度。如果只有角落存在晕影的问题，那么将滑块向右移动。如果晕影的范围有点大，那么将滑块拖至左边（其实你将“中点”滑块左右拖动几次，你就会明白我的意思）。

提示：如果CAMERA RAW没有自动选择镜头，请你自己手动选择

如果你打开了“启用镜头配置文件校正”复选框，但却毫无反应，这就意味着，出于某种原因，Camera Raw无法找到内置镜头配置文件来自动修复你的镜头问题。现在你便需要到“镜头配置文件”区域选择你的镜头品牌（佳能、尼康、索尼、富士等），它通常都能找到你的配置文件（呃，只要它存在于Camera Raw的数据库中）。如果它不存在于Camera Raw的数据库中，那么你必须从“制造商”弹出菜单中选择你的镜头。

锐化我的图片

单击直方图下方的“细节”图标（它是左起第三个），在面板顶部，你便会找到“锐化”控件。“数值”滑块控制的是锐化的程度（请原谅我解释这个滑块的作用）。“半径”滑块用来决定作边沿强调的像素点的宽度，我通常将此值设置为1.0。如果我恰巧需要一幅超级锐利的图像，我偶尔也会把数值移动至1.2，有时甚至可能高达1.3，不过这就是我会设置的最高程度了。下一个涉及的滑块是“细节”。我建议将这个滑块保持默认设置的数量。我通常都不太喜欢默认设置，但这个滑块的默认设置非常棒，它能让你的图像足够锐化，但又不会看到物体边缘的晕圈（这是锐化过度的典型副作用之一），所以它是Photoshop的“USM锐化”滤镜的改进版本。如果你想要让图像看起来锐化至“USM锐化”滤镜的程度，那么请将这个滑块的数值提高至100，它便能够打造几乎相同的效果（如果你的“数量”滑块设置得太高，你便能够立即看到那些晕圈）。最后是“蒙版”滑块。我只有在不想让整个图像全部锐化、只想让被摄主体锐化的时候才使用这个滑块——我只想要让被摄主体的边缘得以锐化。例如，我需要锐化一个女人的肖像照，我想锐化她的眼睛、眉毛、牙齿、嘴唇等，但我不希望磨锐她的皮肤，因为这会带来我们不想增强的肌肤纹理（我们想保持皮肤的平滑）。那么，我可以提高“蒙版”数量，它会将锐化范围变窄至仅锐化边缘。按住Option（非Mac系统的电脑：Alt）键，同时拖动滑块来看看数量大小所带来的不同效果。变黑的区域（如上图所示）未被锐化——只有白色区域得以锐化。

同时对一组图像进行调整

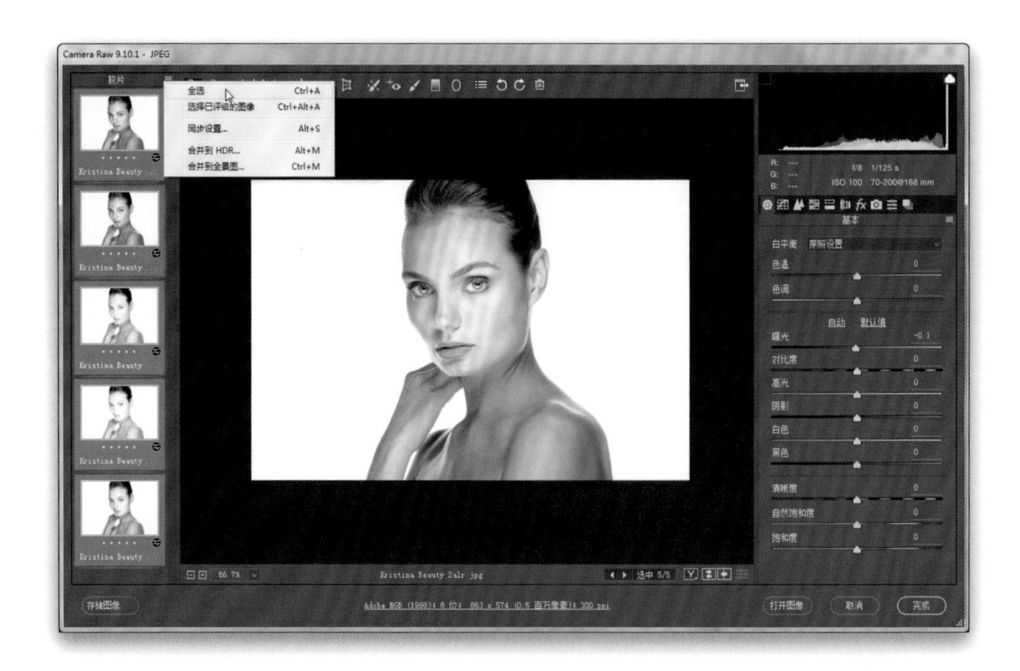

首先，选择一组你想要在Adobe Bridge中编辑的图像，然后按Command-R（非Mac系统的电脑：Ctrl-R），在Camera Raw中打开所有图像，这些图像将在Camera Raw窗口左侧以幻灯片形式呈现。默认情况下，你只能对当前幻灯片列表中选择的图像进行编辑。所以，如果你想要对幻灯片列表中的全部图像一齐编辑的话，请单击左上角“幻灯片”字样右边的那个图标，然后从出现的弹出菜单中选择“全选”（或只需按Command-A［非Mac系统的电脑：Ctrl-A］）。现在，单击幻灯片中需要处理的图像，并且对此图像（Adobe称其为“最先选择的图像”）所做的任何更改将会立即应用于所有其他所选图像。差不多算是“改变一个，便改变了所有”类型的编辑。这种方式非常节省时间，特别是当你需要同时改变一组图像的曝光或白平衡等数值的时候。完成后，请单击“打开图片”按钮，在Photoshop中打开幻灯片中的所有选定图片；或单击“完成”按钮来应用这些更改，而无需打开任何图片。

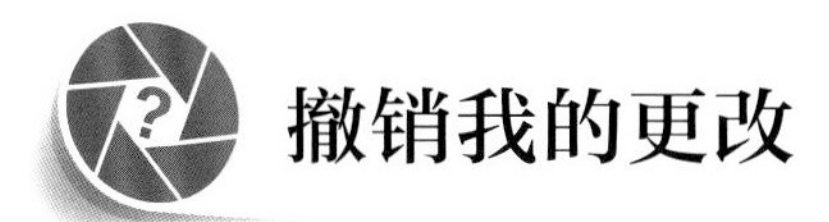

撤销我的更改

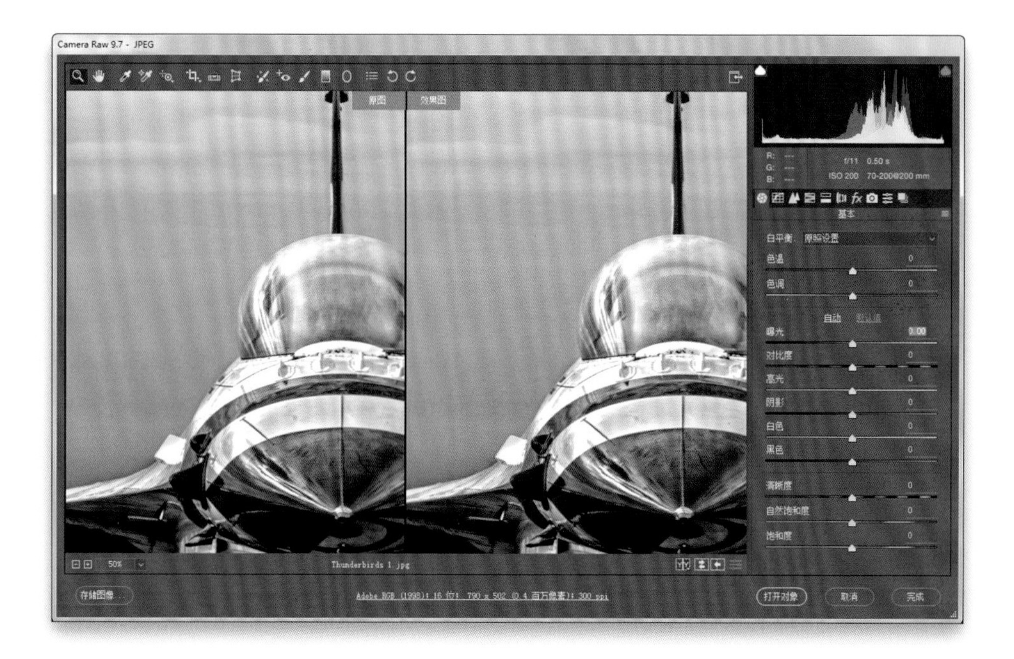

你可以使用常规撤销快捷键Command-Z（非Mac系统的电脑：Ctrl-Z）来撤销最近一次更改，但是Camera Raw可以撤销你所做的任何更改，因为它可以默默跟踪你对图像所做的全部更改。若要一次一个地撤销每个步骤，只需按Command-Option-Z（非Mac系统的电脑：Ctrl-Alt-Z），它会撤销你的最近一次更改。当你再次按下它，它再撤销上一次更改，以此类推。

创建一键式预设

若要创建预设，请单击直方图下方的“预设”图标（它是右起第二个），然后在面板下方单击“新建预设”图标（它看起来如同一篇左下角卷起的小书页）。“新建预设”对话框将被打开，你可以在这里选择你对图像已执行的哪些操作要保存至预设中（如果你已对图像进行过调整，希望再次获得相同的效果，这个方式对你来说就非常理想，因为创建预设之后就无需记住所有的设置步骤。你现在一键便可以得到与之前相同的效果）。默认情况下的每一个复选框都是开启的（这是出于安全考虑，它会记住一切步骤，甚至包括你没有触碰某个滑块）。你可以保持这样的默认设置，它会记住你应用的所有程序。不过，如果你希望你的预设更高效的话（只记录你对这个图像的实际操作），可以从对话框顶部的“子集”弹出菜单中选择一个预设。例如，选择“基本”预设的话，它只会开启你在“基本”面板中做过的操作的复选框（如曝光、白平衡、高光等）。这些只是为你节省时间的捷径——你可以取消选中 / 重新选中你喜欢的任何设置。完成后，为你的预设起一个描述性名称（例如“冷调蓝色效果”或“高对比度效果”等），然后单击“确定”。现在，该预设便显示在“预设”面板的列表之中。若要将此预设应用于其他图像，请在“Camera Raw”中打开图像，单击“预设”图标，单击此预设，它便会应用于图像，让这幅图像拥有与之前图像完全相同的效果。

减少图像中的杂色

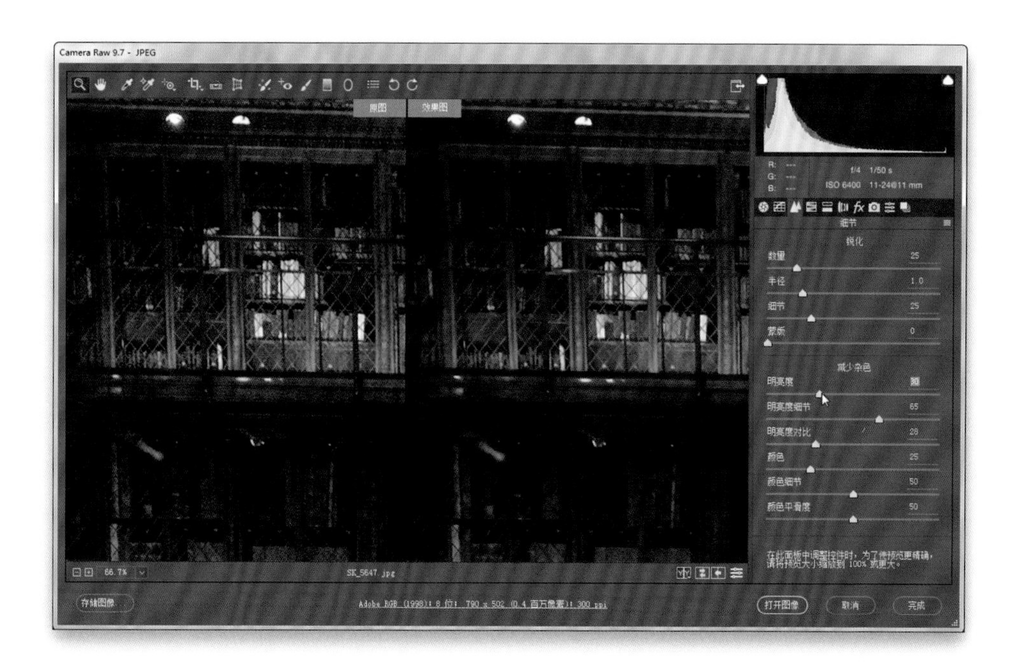

单击直方图下方的“细节”图标（它是左起第三个），你会在“锐化”下方看到“减少杂色”区域。这个区域包含两个部分：“明亮度”滑块通过稍微模糊图像来减少图像中可见的杂色（这就差不多算是减少杂色的基本方式——将杂色使用模糊的方式隐藏起来）。如果将“明亮度”滑块向右拖动，你就可以看到图像中的细节与对比度都开始减弱，这样便可以使用下面的两个滑块将细节与对比度添加回来。如果图像呈现出红色、绿色和蓝色的污点，你便可以使用“颜色”滑块——它去饱和的效果非常好，这些彩色污点立马就会消失。将“颜色”滑块向右拖动太多可能会导致细节丢失，因此你可以使用下面的“颜色细节”滑块恢复某些细节。而“颜色平滑度”滑块另有其用——它不会恢复任何东西。你可以使用它来消除更大的杂色区域——只需将其拖至右边，便可帮助消除那些杂色区域（通常而言，你都可能不会看到这些较大的杂色区域，除非你要给图像中非常暗的区域增加明度）。在减少杂色操作时请记住这一点：使用此功能模糊图像的程度取决于你拖动滑块的移动的距离。所以，把这当作一个平衡做法——你的目的是要在图片不会变得太模糊的情况下尽可能地减少杂色。

让我的RAW格式图像看起来更像JPEG

单击直方图下面的“相机校准”图标（右起第三个），在“相机配置文件”弹出菜单中的不同配置文件中找到看起来最像你的JPEG文件的配置文件。为什么要让RAW图像看起来像JPEG图像呢？因为相机中的JPEG图像得以锐化，对比度更大，颜色更鲜艳，相机内置的这些设置能让图像看起来更加美观。当你将相机设置为RAW模式拍摄时，它便会把所有的锐化、对比度以及其他设置全都关闭，只为你呈现RAW照片（这样你便可以使用Lightroom、Photoshop或其他任何软件来自行添加锐化等设置）。所以，当你以RAW格式进行拍摄时，你的图像颜色看起来会更浅一些。更糟的是，即使你以RAW格式进行拍摄，你的相机背面的LCD显示屏仍然会显示出那漂亮美观、色泽鲜丽、画质锐利的JPEG预览图。所以，你在Camera Raw插件里才能看到浅色版本的图像。顺便说一句，我发现，在RAW + JPEG模式下拍摄的照片（你的相机会在同一时间创建一幅完全处理的JPEG图像以及一幅略为平淡的RAW图像）的配置文件最接近JPEG预览。在Camera Raw中同时打开这两幅图像，然后单击幻灯片中的RAW图像，尝试不同的配置文件，并将其与JPEG图像进行比较，直到找到看起来最像JPEG图像的配置文件。你可以将其保存为预设，只需单击一下即可让RAW图像也能获得同样的效果。

修复镜头问题，比如凸出

若要解决镜头失真所造成的诸如门廊和建筑物看起来像是向着远离观者的方向外凸等问题，请单击直方图下面的“镜头校正”图标（左起第六个），然后单击“配置文件”选项卡，先尝试打开“启用配置文件校正”复选框（如图所示）。有时只需这一步便能解决这个问题（确保你能在复选框下面的弹出菜单中看到你的镜头制造商和机型。如果你看不到它们，请从这些菜单中将它们选择出来——通常只需选择镜头品牌就足以从其内部数据库中找到你使用的确切镜头）。如果配置文件校正起了作用，却没有达到你想要的效果，那么可以使用“校正量”部分的“扭曲度”滑块来微调其数值——只需将其向右拖动。如果这个滑块仍然不足以解决问题，请单击“手动”选项卡，然后将顶部“扭曲度”滑块向右拖动，直到凸起变平（是的，当你完成之后，你需要对边缘进行一些裁剪）。

修复向后倾斜的建筑物

为了修复这种梯形失真的效果，单击直方图下面的“镜头校正”图标（左起第六个），单击“手动”标签，然后单击“垂直”滑块并向左拖动，直到建筑物看起来变直为止（它看起来不再倾斜）。还有一种自动方法：单击“配置文件”选项卡，然后打开“启用配置文件校正”复选框（如插图中所示），你的镜头配置和机型将会在下面的弹出菜单中显示。如果没有的话，你就自己手动将其挑选出来）。接下来，单击“手动”选项卡，在“Upright”部分，首先单击自动（A）图标，看看效果如何。倾斜问题可能就此得以解决。如果仍然没有效果，请单击“垂直”图标（右起第二个）。如果这两个都没有达到效果，单击“关闭”图标，然后使用下面的“垂直”滑块手动解决，就像我在这章的开端提到的那样。

查看我的照片，哪些区域高光溢出

在“基本”面板中，单击直方图右上角的小三角形就可以查看哪些区域高光溢出，而从直方图左上角的小三角形可以查看哪些区域变成了纯黑色的阴影区域。所有高光溢出的区域都将以红色显示（如上图所示）。你可以向左拖动“高光”滑块以减少或删除高亮部分。如果你打开暗部溢出警告，那些区域将会显示为蓝色，你可以通过向右拖动“阴影”滑块来修复它们。

修复图像的紫色和绿色边缘

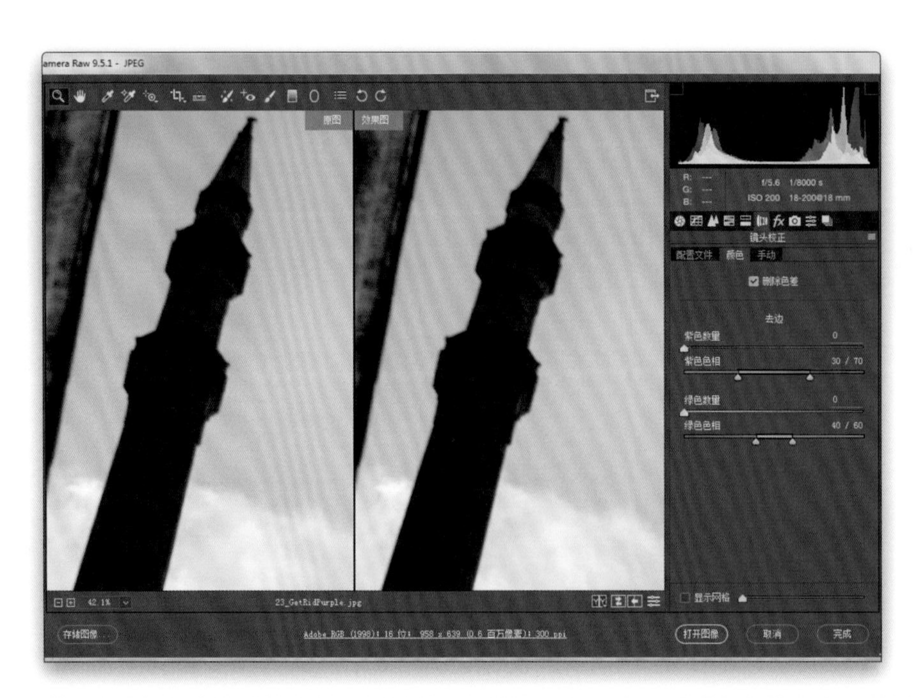

单击直方图下方的“镜头校正”图标（左起第六个），单击“颜色”选项卡，然后打开“删除色差”复选框。其实仅仅这几步就可能解决问题，但通常你可能还需要到下面的“去边”区域，将“紫色 / 绿色数量”滑块向右拖动，直到边缘消失（其实是边缘由紫色或绿色变成了灰色，所以它只是一种颜色被中和之后的效果）。虽然我通常都不需要有接下来的操作，但你应该知道：如果你移动一个滑块（紫色或绿色），它没有对紫色或绿色的边缘造成影响，你还可以移动“紫色 / 绿色色相”滑块来找到边缘颜色的确切色相。再次声明，我几乎都没有必要去移动那些“色调”滑块，但如果你需要的话，知道它们的用处，也没什么坏处。

看到我正在处理的图像的前一步对比图

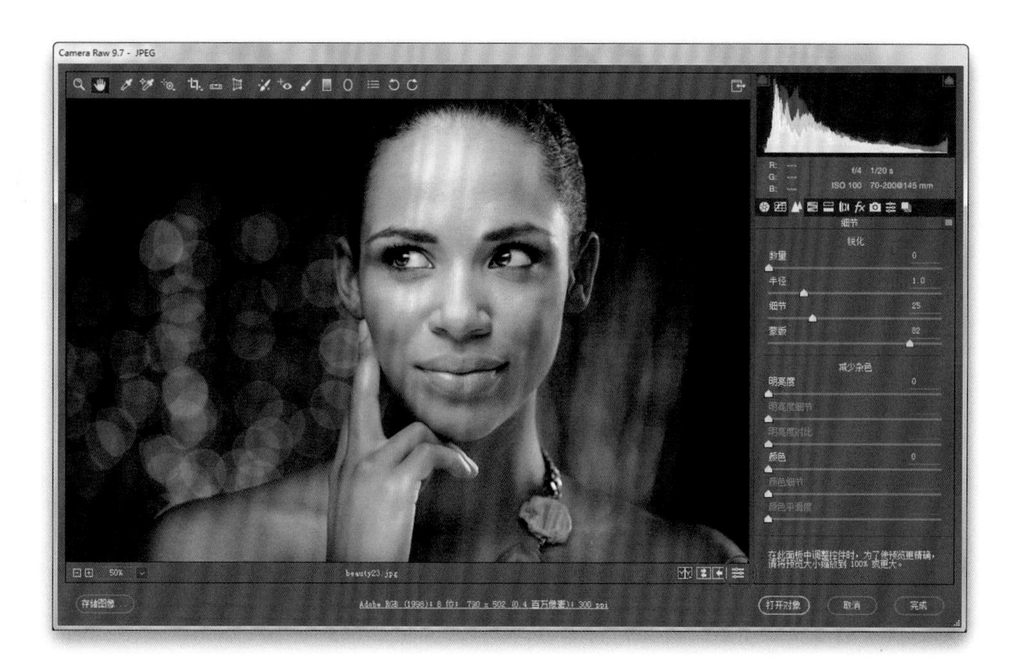

如果你想看你当前正在面板中进行编辑的图像前一步操作时的样子（例如，如果你在“详细信息”面板中进行了一些锐化，而你想看看锐化的前/后对比图——而不是查看在进行所有更改之前、你第一次在Camera Raw中打开图像的样子），请单击预览窗口右下方右起第一个图标（如上图圆圈所示），或者直接按Command-Option-P（非Mac系统的电脑：Ctrl-Alt-P）。这将打开/关闭你在当前面板中所编辑的前/后视图。如果你想查看所有更改之前/之后的视图（包括你所做的所有更改操作），请按键盘上的字母P。若要并排查看前/后对比视图，请按字母Q切换不同的前/后对比视图布局（并排、上下或屏幕分幅显示）。

第4章

如何使用Camera Raw插件——“调整画笔”

方法不止一个

我本想给这一章起名叫作“高级的Camera Raw”，但转念一想，这会让人觉得我接下来要介绍的内容很难，其实并不难——这就是你在了解了Camera Raw中的“基本”面板之后想要进行的操作。本章的标题稍有误导，因为本章并不仅仅是关于“调整画笔”，主要是关于一些重要的画笔以及一些类似画笔的功能。这些功能并不是真正的画笔，例如“渐变滤镜”。如果它是一个画笔的话，它便会被命名为“渐变画笔”。这样的话太具误导性，因为当你将它拖出来使用的时候，你会发现它根本不是一个画笔。你不能用它来进行绘制，但是，你可以使用画笔来擦除不想要的区域，所以它其实包含了一个画笔组件。但是，大多数人甚至不知道这个画笔的存在，因为Adobe在某个夜深人静的时刻，大家都在观看《行尸走肉》（我猜当时播放的是当季大结局）的时候将这个画笔功能悄悄地放进了Camera Raw，当然没有人会注意到发生了什么。既然提到了这部剧（剧透警告），那我们就说说。当格伦拿出那台笔记本电脑（值得留意的是，不知何故，这台电脑在经历了整个大灾难之后竟然还有余电），他打开了Photoshop CC，直奔Camera Raw，开始试图修正一张他给达里尔拍摄的照片的白平衡时，你有没有感到惊讶？我一直对着屏幕大喊大叫，“你需要给他的皮肤增加更多的洋红色！”但是，整整一集中他甚至都没有触碰那个白平衡的小吸管。在那集之后，我便没有接着看下去。你最好别让我提起《行尸走肉》，还需要再增加一些青绿色！

减淡与加深（让特定区域提亮或变暗）

减淡（增亮）的标准方法是使用“调整画笔”（K；从工具栏中选取），向右拖动“曝光”滑块（其他所有滑块都设置为零——请参见下面的提示），然后在你想要增亮的区域进行描绘。若要加深（变暗），请向左拖动“曝光”滑块，使曝光减少，然后在想要变暗的区域进行描绘。

提示：如何将其他所有滑块复位为零

若要将所有滑块“清零”（将它们全部复位为零），请单击你想要进行的调整（例如，“曝光”）右侧的“+”（加号）按钮。它会将滑块的数值增加至+0.50（其他所有滑块为+25），并将所有其他滑块复位为零。同样，如果你单击左边的“-”（减号）按钮，它将会减少滑块的数值（向左移动到-0.50）其他所有滑块为-25，这将会暗化曝光，并且会将所有其他滑块复位为零。

在视图中隐藏“编辑图钉”

这是一个十分容易记住的快捷方式：若要隐藏图像上的编辑图钉，只需按键盘上的字母V。若要让它们恢复，只需再按一下V。

提示：如何将某一个滑块复位为零

要复位任何一个滑块，只需直接双击该滑块的旋钮即可，它会被复位为零。

只减少某个区域的杂色

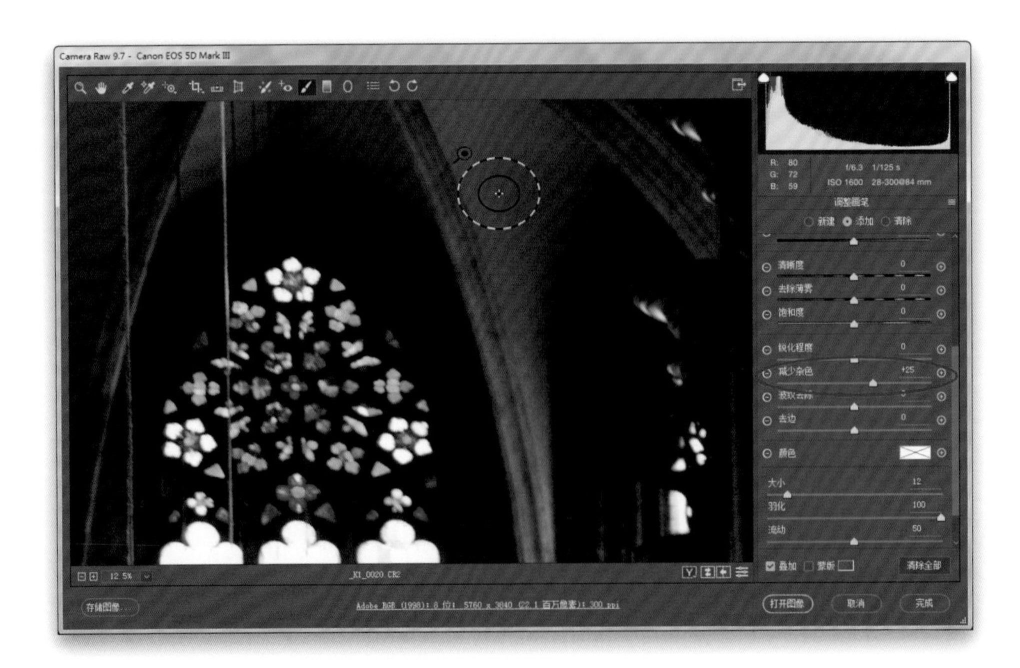

只为解决照片中某一个区域的噪点而让整个图像变模糊是毫无意义的（减少杂色的基本原理就是将整个图像变得模糊，从而隐藏杂色）。取而代之的方法是，选取“调整画笔”（K），单击“减少杂色”右侧的+（加号）按钮（将其设置为+25，并将所有其他滑块复位为零），然后仅在图像中的杂色区域进行描绘。这样，只有杂色最明显的区域而不是整个图像变得模糊（顺便说一句，我每次使用减少杂色方式的时候都是这样做的——只对一个或若干个杂色最明显的区域进行处理）。

删除污点和／或颗粒

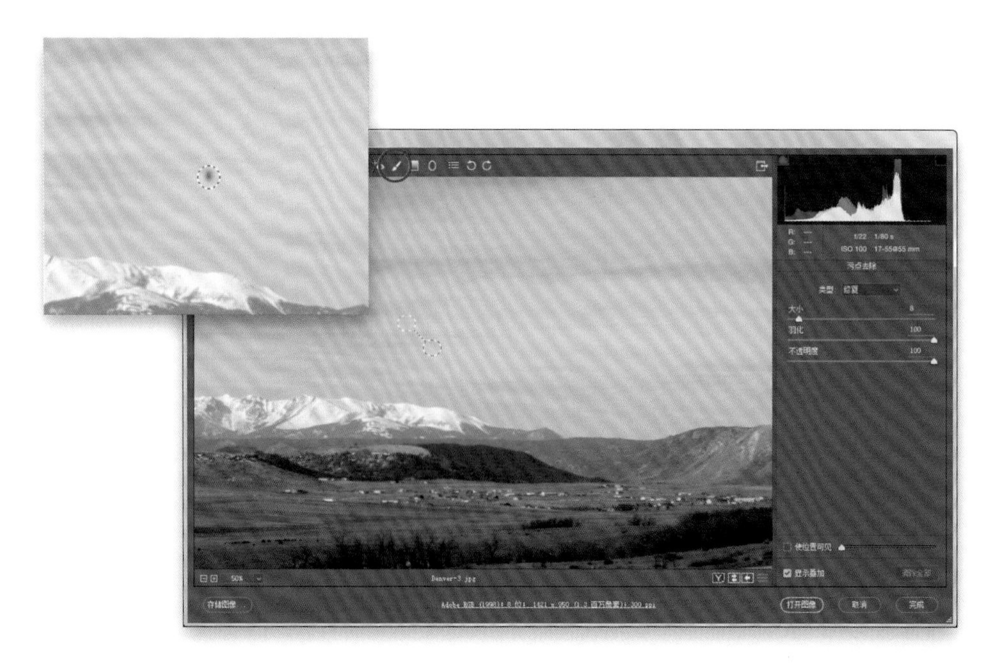

单击工具栏上的“污点去除”工具（B），调整画笔大小，使其比要删除的污点或颗粒稍大一点（如上图所示），然后单击一次。这个工具将对附近区域进行抽样来对删除区域进行覆盖（看见上面的绿色圆圈了吗？这是它的抽样地点）。如果由于某种原因，修复之后的效果看起来很奇怪（可能它选择采样的地方不太合适，这的确是不时会遇到的问题），你可以单击并拖动绿色圆圈——抽样的区域——将其移至一个新的位置，来打造更好的效果。此外，你可以单击并拖动绿色圆圈以调整其大小。如果你在第一次单击的时候位置不太准确，还可以单击并拖动红色圆圈（你最初单击的那个地方）。

提示：让CAMERA RAW自动重新抽样

刚才我们说过，如果你使用“污点去除”工具，却没有获得理想的效果（也许它抽样的区域并不适合进行修复），那么你可以单击绿色（抽样）圆圈，并将其拖动到一个新的位置。但是，你也可以让Camera Raw为你自动完成这一操作。你只需按键盘上的“/”（正斜杠）键，Camera Raw便会自动选择一个新的区域进行采样（为你移动采样的圆圈位置）。如果继续按它，它会一直变换，直到你满意为止。

修复褪色的天空

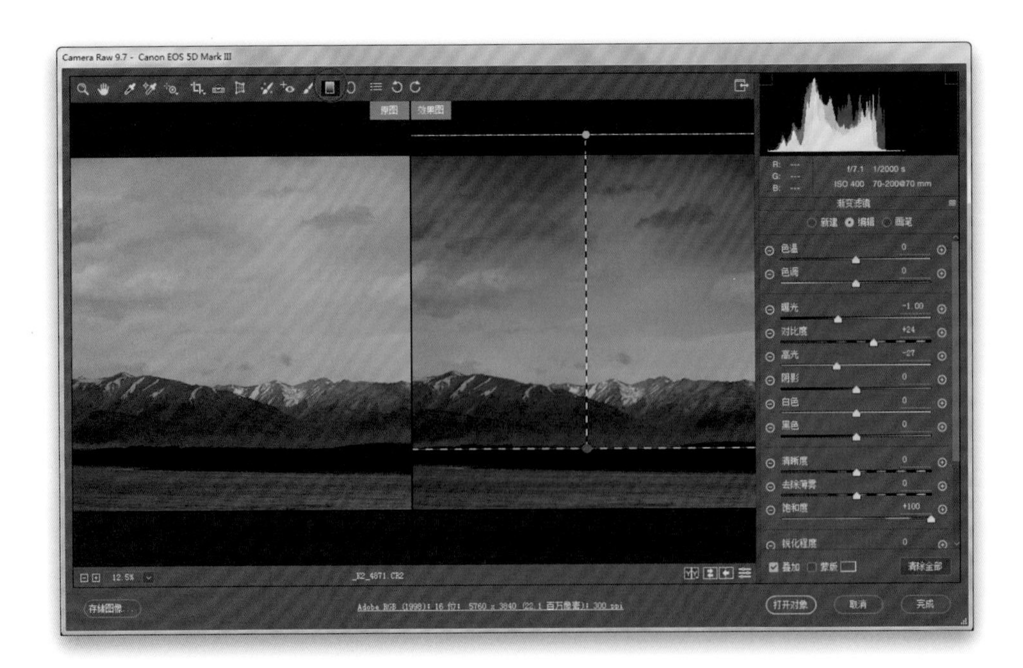

从工具栏中选取“渐变滤镜”工具（G；它的基本设置与“调整画笔”相同，但它并不是画笔——你单击并朝着一个方向拖动它），先将所有滑块复位为零（双击“曝光”左边的“-”[减号]按钮，将其设置为-1.00，并将所有其他滑块复位为零）。现在，拿起“渐变滤镜”工具，并从图像的顶部向下拖动至水平线，它会使图像顶部变暗，然后逐渐淡化，直至透明，就如同在镜头上安装一个真正的中性密度渐变滤镜所拍摄出来的效果一样。当然，你不仅仅能使天空变暗，还可以提高对比度（向右拖动“对比度”滑块）或那一部分天空的色泽度（将“饱和度”滑块向右拖动），以及增加（或减少）天空中的高光（使用“高光”滑块）。

修复红眼（或宠物眼）问题

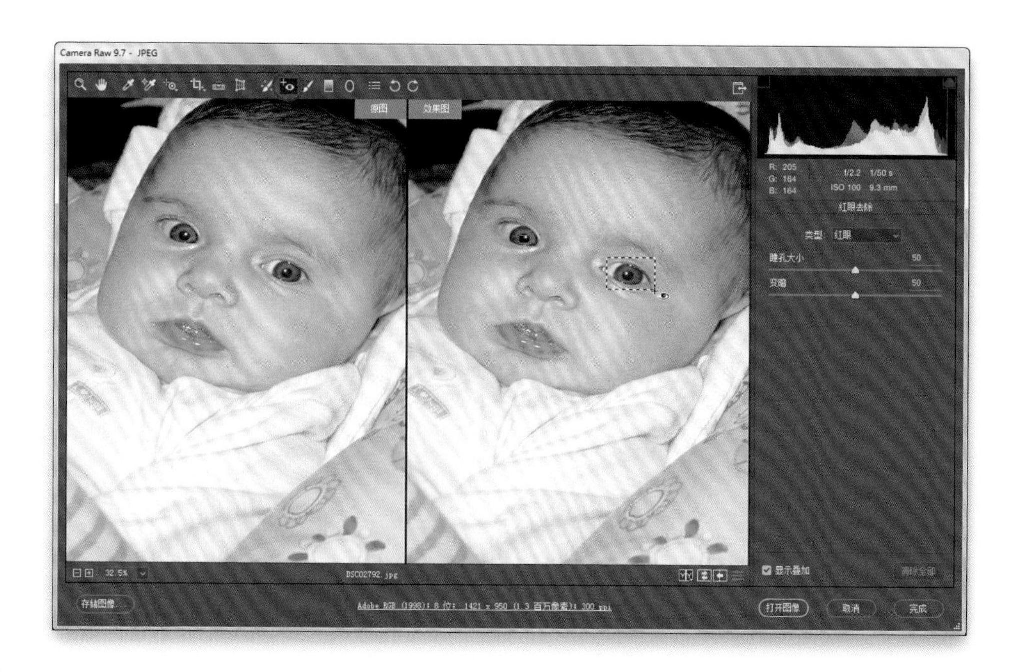

从工具栏中选取“红眼去除”工具（E），在被摄主体的眼睛附近单击它，然后向外拖动直到它匹配整个眼睛的大小（不仅仅是瞳孔和虹膜区域，而且是整个眼睛——Camera Raw将会检测到这一区域内的瞳孔）。处理宠物眼的工作原理也是如此，但它去除的是宠物眼睛里的绿色或金色反光——在选取了“红眼去除”工具的条件下，只需从面板顶部的“类型”弹出菜单中选择“宠物眼”即可。

将画笔设置另存为预设

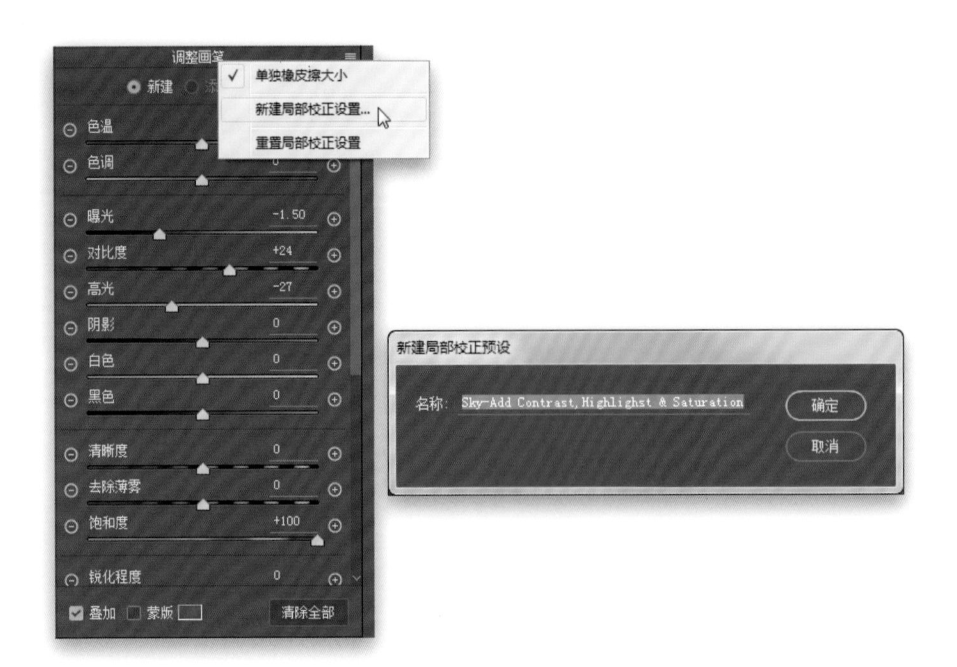

选取“调整画笔”（K），在右侧面板中，单击并按住“调整画笔”右侧的小图标，然后从出现的弹出菜单中选择“新建本地校正设置”（如上方左图所示）。给你的新预设命名（如上方右图所示）。现在，你的画笔预设将被添加至这个菜单，以后你只需单击一下便可得到这些相同的画笔设置（注意：你也可以按照相同的方式保存“渐变滤镜”和“径向滤镜”的设置）。

让Camera Raw帮助我找到污点或颗粒

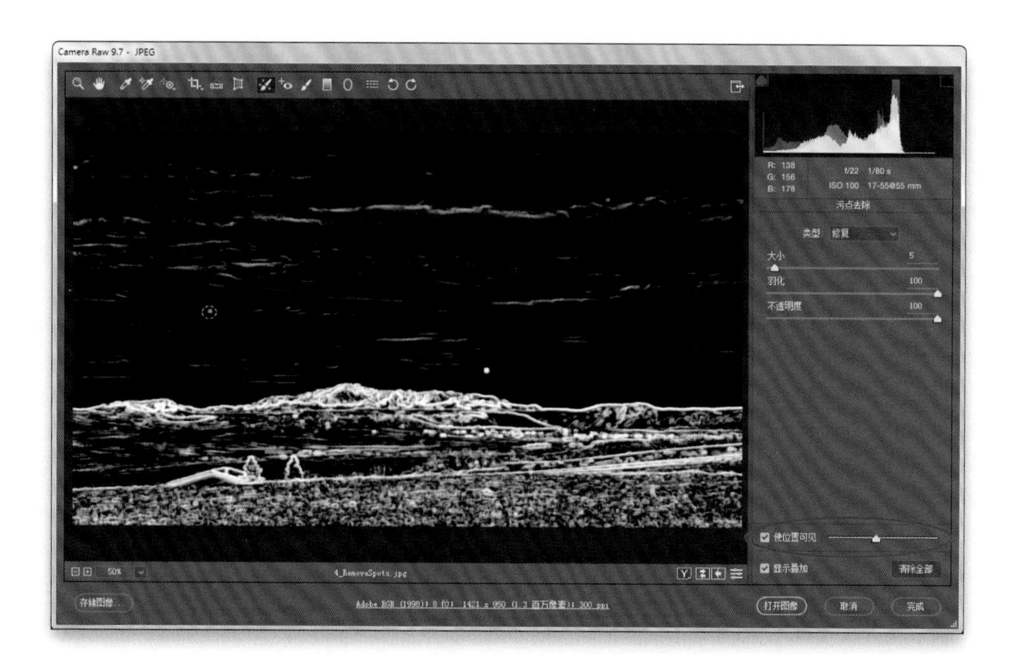

选取“污点去除”工具（B），然后在右侧的面板中打开“使位置可见”复选框。图像将变成一幅黑白线条图（好吧，它看起来真的有点儿像）。接着，来回拖动“使位置可见”滑块，直到任何污点、颗粒或灰尘都清晰可见——它们会以黑色背景（如天空）上的白色部分呈现，在较亮区域中则以白色背景上的黑色部分呈现。这使得这些污点能够清晰突出地呈现。如果“污点去除”工具仍然处于开启状态，你可以使用它将污点删除。

在操作错误之后擦除

如果你在使用“调整画笔”进行绘画时出了错，只需按住Option（非Mac系统的电脑：Alt）键，然后在你弄错了的区域上描绘即可。当你这样做（按住Option键）的时候，其实你已切换至另一个画笔，这个画笔被设置为擦除表层，并且由于这是另一个画笔，它便具有其特殊的设置。在你开始描绘之后，你可以单击“调整画笔”面板顶部的“清除”单选按钮，然后在面板底部为“清除”画笔设置“大小”“羽化”或“流动”。再次声明，此擦除画笔只有在你开始画了一笔之后才可用。接着，你可以通过以下方式访问设置：（1）按下并按住Option键，这些设置会不停切换，直到你松开为止；（2）你可以单击“清除”单选按钮（如上方左图所示）。注意：你也可以擦除“渐变滤镜”的某些部分（比如你不希望某一个区域受到滤镜的影响），但在擦除“渐变滤镜”的时候，其工作方式有所不同：单击并拖动你想要的渐变，然后你将会在这个面板的右上角看到一个“画笔”单选按钮（如上方右图所示）——单击它，然后擦除你不希望受到滤镜影响的区域。

修复不起作用的画笔

如果你选取了“调整画笔”，但它似乎没有发挥正确的功效，或者它的笔触似乎很淡，那么，很有可能是由于你的“流动”和/或“浓度”的设置数值非常低，或设置为零。将这些数量（在面板底部）向上拖动，你便可以再次进行操作了。

知道什么时候应该仿制而不是修复

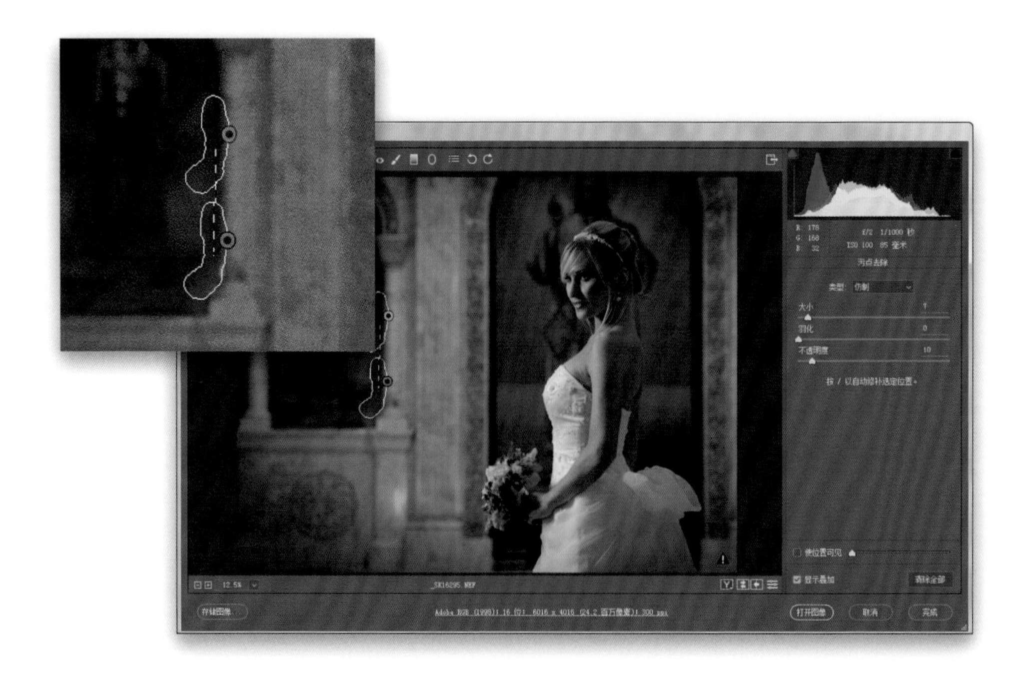

当你在默认的“修复”设置下（你希望在大多数的时候都保持其默认设置）使用“污点去除”工具（B）移除物体边缘附近令人分心的东西的时候，它会使用涂抹的方式弄得比较模糊（如上图的插入部分）。这个时候，你应该切换至“仿制”设置（从“类型”弹出菜单中选择“仿制”）。这就改变了移除的方法，并且通常都能修复涂抹模糊的问题（如上图所示）。此外，你可能需要将工具的“羽化”滑块左右拖动，看看哪个设置最适合你当前的操作区域——只需向左和向右简单拖动，即可找到能够打造最佳效果的那个点。

用画笔绘制直线

若要使用“调整画笔”绘制直线，请单击一次画笔，按住Shift键，将鼠标指针移动至想要让直线结束的位置，再次单击，它便在这两点之间绘制一条直线。

保持在线外绘画

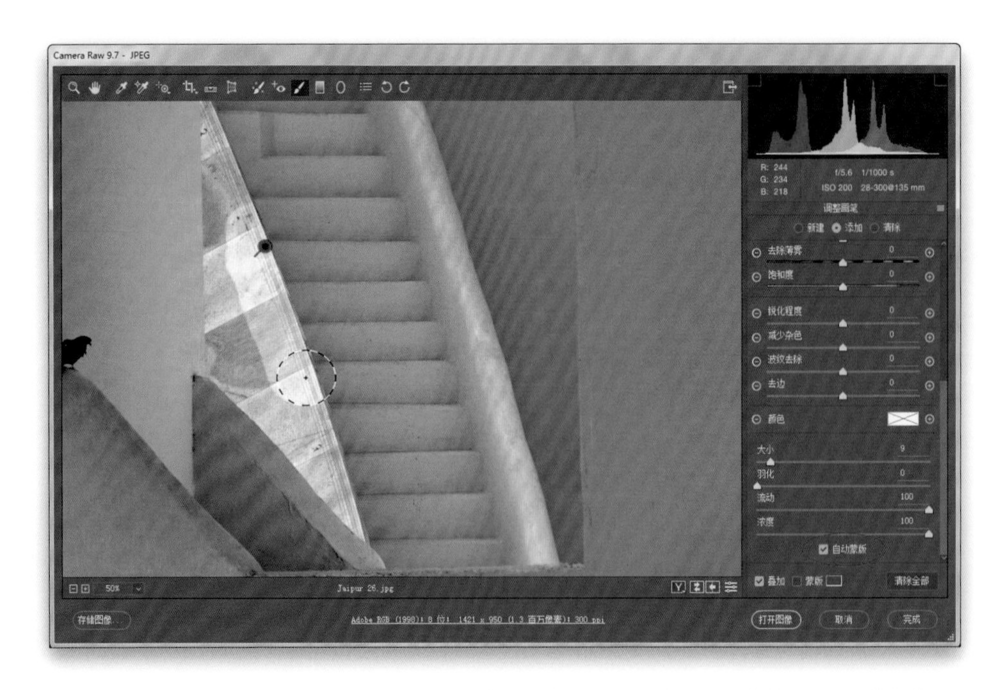

打开“自动蒙版”复选框（靠近“调整画笔”面板底部）——这有助于防止你的画笔意外溢出到你不想受其影响的区域。打开之后，只有在刷子中心的小加号十字准线下方的区域将受到影响（参见上面的图像，我在楼梯左边的墙上画画，虽然我的画笔明显涂到了楼梯上，但它完全不会让楼梯变亮，因为十字准线仍然位于墙上）。注意：将这个功能开启的确会让画笔速度略微减慢，因为它需要在你绘画的时候计算很多程序，它需要在画笔操作过程中检测画笔的边缘。而且，如果你在一个区域上绘制，似乎没有均匀地覆盖该区域的话，你可以关闭“自动蒙版”并重新绘制该区域。通常而言，我在大多数绘画的时候都会关闭“自动蒙版”，但只要我靠近一个我不希望涂到的边缘，我便会开启这个功能，编辑那一部分。

在我绘画时一直开启“蒙版”功能

使用“调整画笔”绘画时，你可以按键盘上的字母Y，也可以打开“调整画笔”面板底部的“蒙版”复选框。打开此功能可以非常方便地查看你所操作的确切区域，具体来看看是否错过了某些区域（我在这里就遇到了这个情况，在红色遮罩提示开启的情况下，我发现我错过了一个区域。此时，我便能迅速在这个区域完成绘制操作）。

快速更改我的画笔大小

选取了“调整画笔”之后，用鼠标右键单击你的图像，向右拖动，能使画笔变大，向左则能使其变小。你完全可以通过这种可视化的方式调整画笔的大小，但如果出于某种原因你无法使用此方法，你可以通过使用键盘上的左括号键和右括号键（它们位于字母P的右侧）跳转至下一个更小或更大的默认画笔大小。你还可以移步于“调整画笔”面板底部，手动移动“大小”滑块来进行操作，这样会费时一些。

复制编辑图钉

用鼠标右键单击要复制的图钉，然后从弹出菜单中选择“复制”（如上图所示）。此副本将直接显示在原始文件的顶部，因此看起来就像什么都没有发生似的。但如果你单击并向右拖动已复制的编辑图钉，你将会看到你正在将副本拖动到一个新的位置，而不会对原始的造成任何影响。另一种方法是按下并按住Command-Option（非Mac系统的电脑：Ctrl-Alt），单击图钉，然后拖动至任何你想要的位置。

柔化皮肤

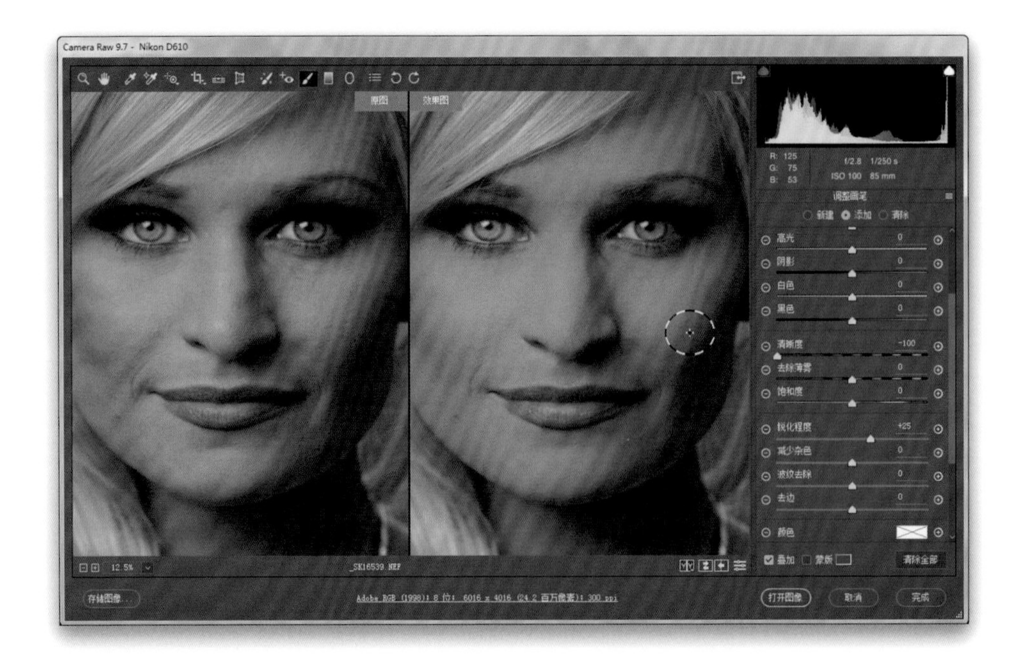

从工具栏获取“调整画笔”（K），单击4次“清晰度”左侧的“-”（减号）按钮，便能将所有其他滑块复位为零。将“清晰度”的数值设置为-100（一直拖至最左），然后将“锐度”滑块的值增加到+25。接下来开始在被摄主体的皮肤区域（避免在嘴唇、眼睛、眉毛、头发、睫毛、鼻孔等区域）进行涂画，便能柔化被摄主体的皮肤。

打造戏剧性的聚光灯效果

从工具栏中选取“径向滤镜”（J）（右起第四个图标，它如同一个长椭圆），单击一个椭圆，并将其拖动至你想要有聚光灯出现的图像区域。绘制的时候，可以使用侧面、顶部和底部的小把手调整它的大小。若要移动它，只需单击其内部并拖动即可。若要旋转它，请将鼠标指针移至椭圆外，鼠标指针将会变成一个双向箭头——单击并拖动椭圆即可。在使用“径向滤镜”工具时，你可以选择控制椭圆内部或外部发生的情况。在打造聚光灯效果的时候，我们想要影响外部，因此在“径向过滤器”面板的底部的“效果”区域，单击“外部”单选按钮（如上方插入区域所示）。接着，向左拖动“曝光”滑块，以使椭圆以外的所有区域变暗（如上图所示）。这将打造柔和的聚光灯效果。

修复图像中雾化或朦胧的地方

从工具栏中获取“调整画笔”（K），然后单击“去除薄雾”右侧的“+”（加号）按钮，将所有其他滑块复位为零，并将“去除薄雾”数值设置为+25。现在，在你朦胧或雾化的区域进行涂画，雾便会消失（我知道，这是一个非常惊人的技术）。如果它的效果不够，则可以向右拖动“去除薄雾”数值来增加去除薄雾的数量。此外，如果你真的想要添加一个有雾的效果（嘿，有时候还真的会这么想——也许是一个朦胧迷幻的森林场景），你便向左拖动“去除薄雾”滑块，就可以涂画出朦胧的雾化效果。

去除衣服上的波纹图案

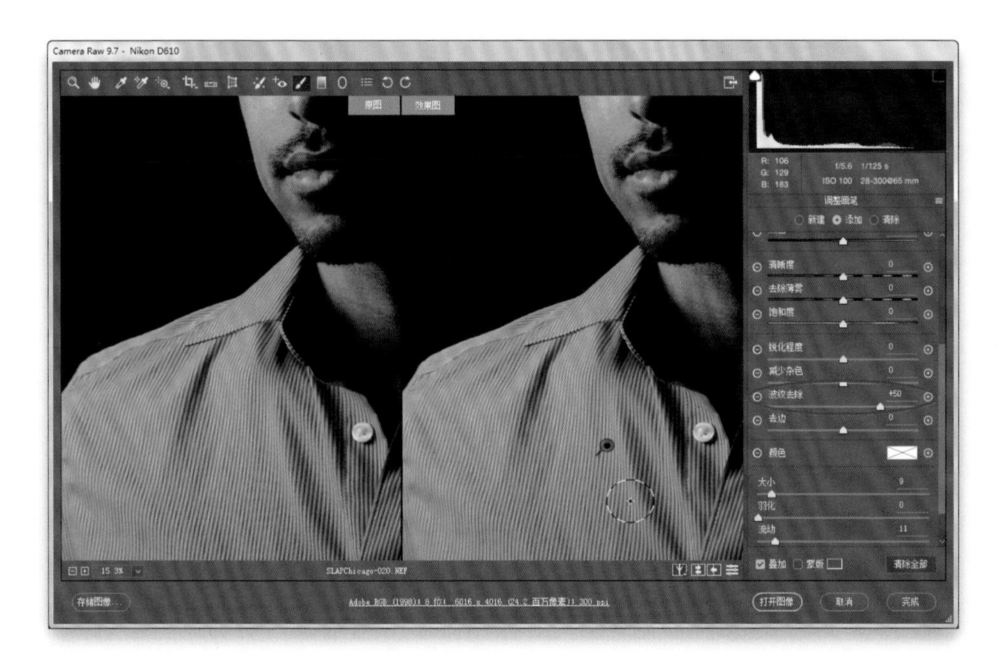

从工具栏获取“调整画笔”（K），然后单击“波纹去除”右侧的“+”（加号）按钮，将所有其他滑块复位为零，并将“波纹去除”数值设置为+25。现在，在你的图像的任何区域，但凡有可见的波纹图案（这通常发生在带有细纹图案的服装或物品上，如运动外套、行李或相机包。你如果看到某个区域出现了波纹图案，那么一切都毁了[如上图所示]）的位置涂画，就可以将波纹“画没”（它通常都能取得相当不错的效果）。如果它的效果不够好，可以通过向右拖动“波纹去除”来增加其数值（如我在上图中操作所示）。

第5章

如何裁剪、调整大小以及进行类似的操作

你会经常需要进行这些操作

你知道吗？在所有Photoshop的工具中，最常用的工具是“裁剪”工具。嗯，这是真的。人们可以轻而易举地收获这世上的一切，但还有一个东西——一个词——我们需要关注它，因为它是英语中最强大的词之一（甚至比“爱”这个词更为强大），而这个词便是“stuff”（“东西”之意——译注）。没错，你将会学习一些“stuff”，而这使得这一章变得价值连城。什么是“stuff”？嗯，它不是你想的那个。大多数学习过大学水平语言学的人都会惊讶地发现，“stuff”实际上并不是一个词，而是一个缩略词。经过这么多年的运用，它已然变得如此常见，成为我们基本日常用语的一部分。它代表的是“Stuff That Usually Fills Fannies”（意为“比有趣更有趣”——译注）。但是多年来让研究人员倍感迷惑的是，缩略词所代表的短语中很少会包含这个缩略词本身（顺便说一句，这受到了2010年琥碧•戈柏（Whoopi Goldberg）和马克•沃尔伯格（Mark Wahlberg）主演的叫座片《盗梦空间》的启发）。无论如何，多年来，缩略词STUFF已经获得了这样的力量，其涵盖范围广泛至足以描述一系列随机的东西。《时代》杂志实际选择它作为其2013年“年度词”；在1998年加冕（由海姆立克的男爵夫人出席）期间，尊敬的莱斯特公爵将这个词列为英国官方“成就卓越的词语”之一。这个荣誉只是这个全方位单词所获得的从学术界到世界各地的政府所给予的诸多荣誉之一。他们已经接受了这个单词在现代社会的魅力及实用性。所以，简而言之，你应该盛情拥抱这个“Stuff That Usually Fills Fannies”。

裁剪图像

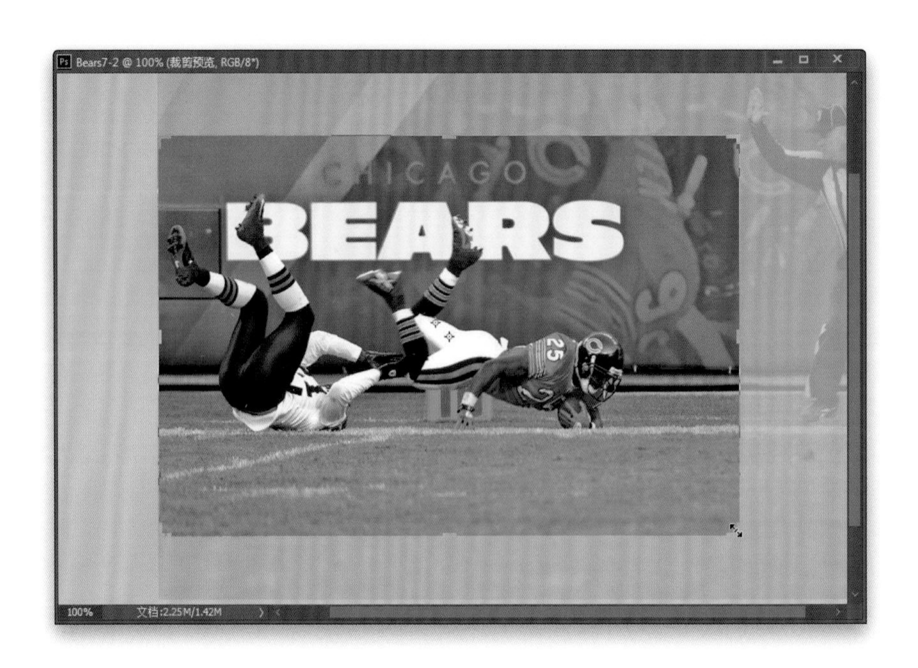

顺便说一下，在我告诉你如何裁剪之前，如果你阅读了前面关于Camera Raw的章节，你可能会想，“你之前不是已经告诉我怎么操作这些东西吗？”是的，你几乎（“几乎”）可以在Camera Raw中完成这一切裁剪操作，但当你只是需要进行一个简单的裁剪的时候，你难道还要回到Camera Raw去操作吗（告诉你一件有趣的事情：当你打开一幅RAW格式的图像，然后打开Camera Raw作为滤镜，“裁剪”功能却不复存在。这事儿很奇怪吧？我知道）？好吧，回到Photoshop的裁剪话题。按C可获得“裁剪”工具，它会在整个图像周围放置一个裁剪边框。若要裁剪，请单击并拖动裁剪边框的边和角上的任何一个小手柄。若要移动整个裁剪边框，只需在其中单击一下，然后将其拖动到你想要的位置。若要按比例调整边框大小，请先按住Shift键，再单击其中一个角或侧边手柄并向内/外拖动。若要将裁剪对象从横构图变为竖构图（反之亦然），只需按键盘上的X键。若要旋转裁剪框，将鼠标指针移动到裁剪边框外，它便会变为双向箭头。现在，你可以单击并拖动以旋转整个裁剪边框。若要完全删除裁剪边框，按键盘上的Esc键即可。当裁剪设置完成时，按Return（非Mac系统的电脑：Enter）键锁定裁剪。

裁剪为特定大小

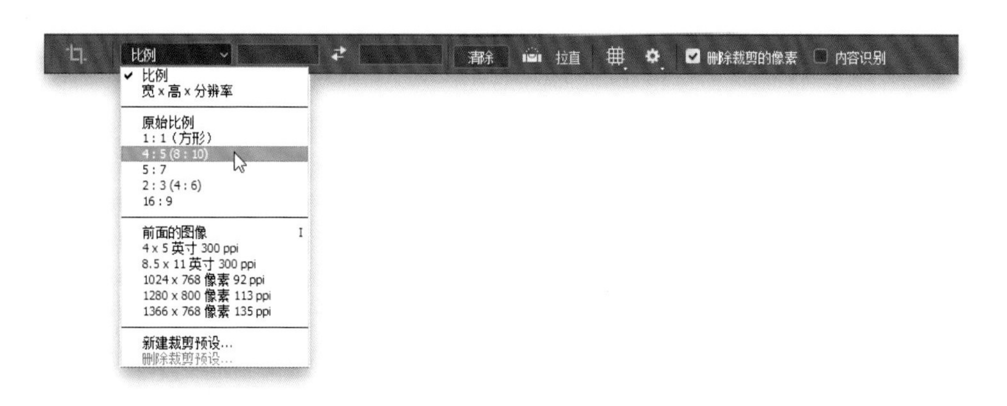

单击并按住“选项栏”左侧的预设弹出菜单，将会显示一系列裁剪比例和大小。若要选择特定的裁剪比例或大小，只需从弹出菜单中选择（例如4:5 [8:10]）。现在当你单击并拖动裁剪工具（C）时，它会被限制在4:5的比例大小当中。如果要创建自己的自定义比例或大小，只需直接在弹出菜单右侧的两个框中输入（若要快速清除这些数字，请单击这两个方框右侧的清除按钮）。顺便说一句，这两个小箭头之间的自定义比例区域可以对调这两个数字（所以，单击一下，即可使5:7变为7:5）。如果你改变了主意，想要重置裁剪，请按键盘上的Esc键。若要彻底取消裁剪操作，请按Delete（非Mac系统的电脑：Backspace）键。

提示：更多裁剪选项

在选取“裁剪”工具之后，如果你右键单击裁剪边框内的任何地方，就会出现一个弹出菜单，上面列出了你可以对裁剪边框所做的全部操作，包括使用不同的预设大小和分辨率、复位裁剪，等等。

更改裁剪网格

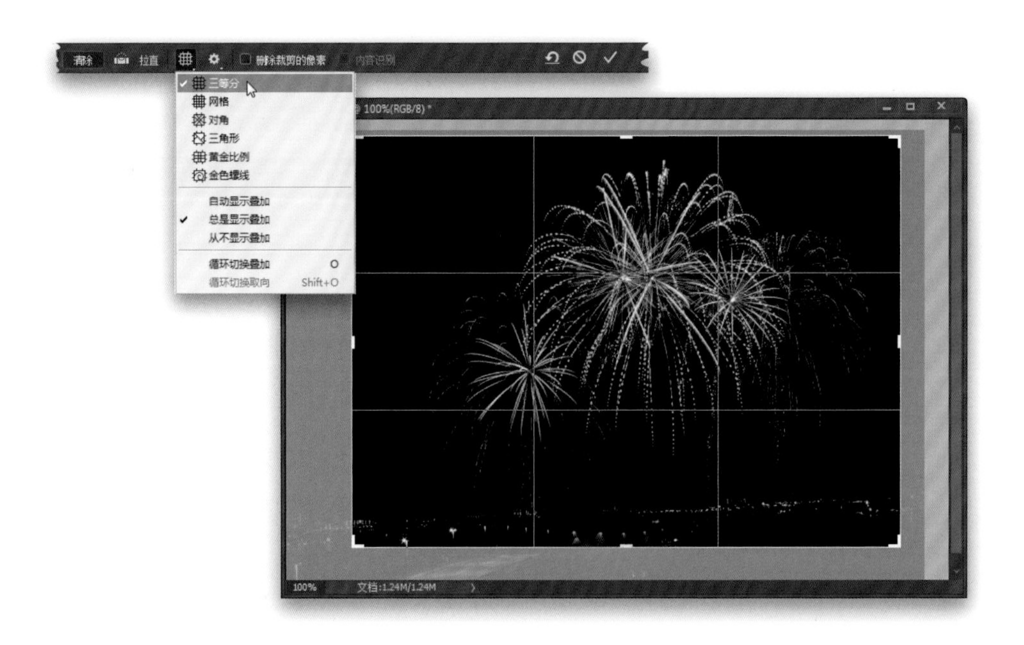

默认情况下，当你开始裁剪的时候，你要裁剪的区域上方便会出现一个三分网格。这是为了在视觉上帮助你（当然，只有在你使用三分法的规则进行裁剪的时候，才会对你有所帮助）。不过，你并不是必须使用那个网格——其实还有一堆其他选择，比如黄金螺旋、黄金比例、三角形以及其他（这些名字其实非常适合给乐队命名）。你可以改变你的网格模式，你可以将这个三分网格彻底关闭，或者当你想要使用它的时候，单击“选项栏”里的“设置裁减工具的叠加选项”图标（它是位于单词“拉直”右边的那个网格图标）。这时会出现一个网格模式的弹出式菜单，并且还会出现“从不显示叠加”选项——就是这个选项将三分网格藏了起来。

将歪斜的照片拉直

首先选取“裁剪”工具（C），然后在“选项栏”里找到“拉直”工具（它的旁边就写着“拉直”字样）。现在，只需沿着你希望拉直的边缘单击并拖动此工具（例如，在风景照片中，你可以沿着水平线拖动“拉直”工具），它便会将你的照片拉直。

调整图像大小

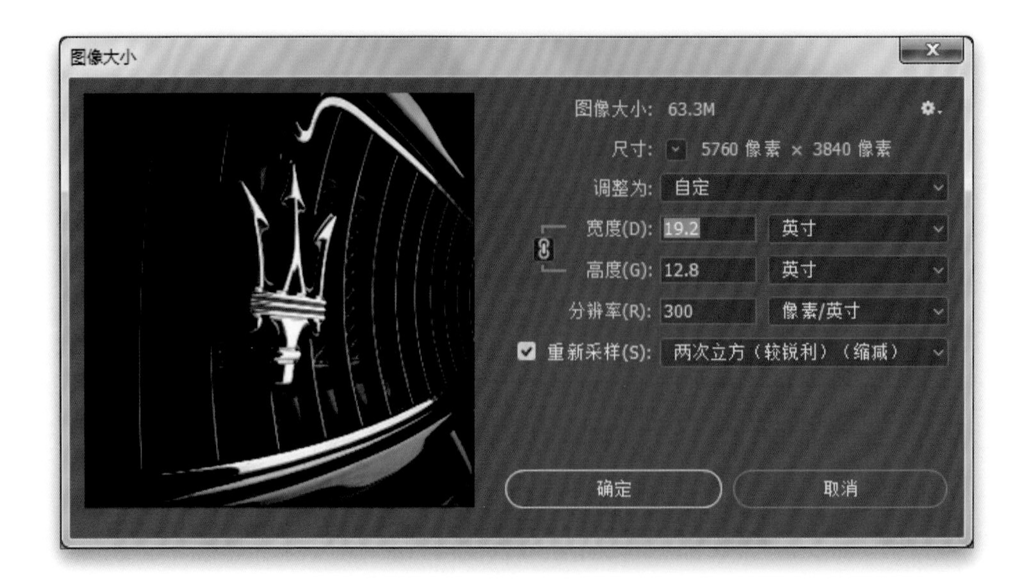

若要更改图像的大小，在“图像”菜单下，选择“图像大小”（你可能还需要学习这个功能的键盘快捷键，因为你会经常进行这个操作。幸运的是，这个键盘快捷键非常容易记住：Command-Option-I［非Mac系统的电脑：Ctrl-Alt-I］），打开“图像大小”对话框，你便可以在其中输入所需的大小（你可以从弹出菜单中将宽度和高度字段右侧的测量单位更改为像素。例如，你可以从英寸改为像素或毫米，甚至百分比——比如将大小缩小50%）。如果单击并按住对话框顶部附近的“适合”弹出菜单，你会看到一些常用大小的预设。如果你经常将大小调整至一定比例（例如，假设你的网站使用的是750像素宽、500像素高的图片），那么你可以将此自定义大小保存为预设，方法是选择底部的“保存预设”菜单。当你输入所需的新大小时，只需单击“确定”按钮。

旋转裁剪区域

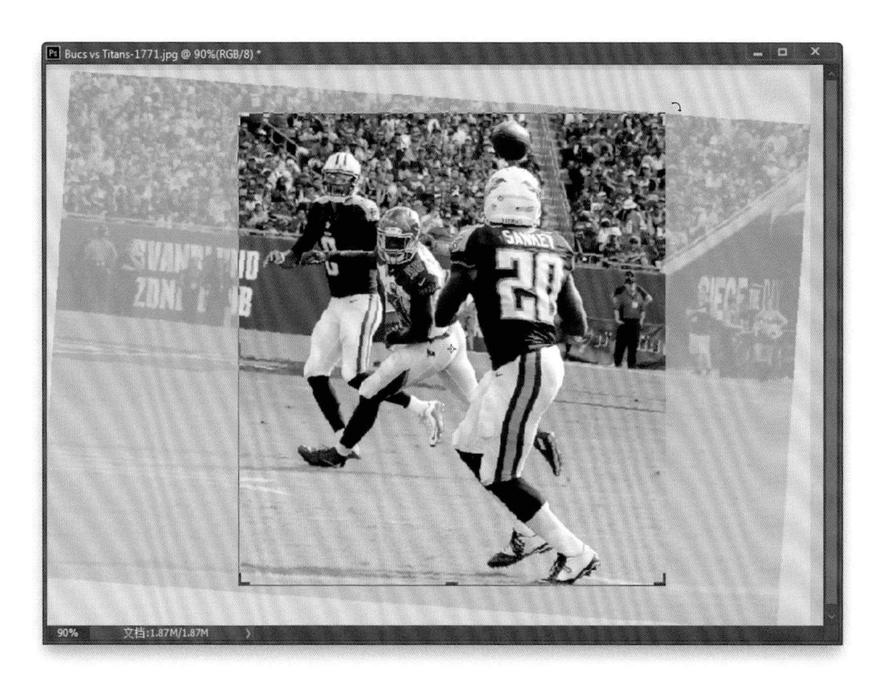

一旦你确定了裁剪边框，就可以通过将鼠标指针移动到裁剪边框之外的任何位置来旋转它了，指针将变为双箭头。现在，你可以单击并向上 / 向下拖动边框外部以旋转图像（裁剪区域将会保持原位——其实旋转的是边框内部的图像区域）。

以中心为中点向内裁剪

在开始裁剪之前，只需按住Option（非Mac系统的电脑：Alt）键，然后抓住一个角的顶点并向内拖动，裁剪区域便会以中心为中点向内调整（如果你向外拖动的话，它便会以中心为中点向外调整）。

在图像周围添加白色空间

在“图像”菜单下，选择“画布大小”（键盘快捷键是Command-Option-C［非Mac系统的电脑：Ctrl-Alt-C］），便弹出“画布大小”对话框，你可以在其中输入想要添加的画布区域的大小。默认情况下，它会显示当前大小，然后你可以输入新的大小。例如，如果你当前的图像大小为6.2英寸宽、10.4英寸高，而你想要在图像外部添加1.5英寸的空间，则需要进行一些简单的数学计算，然后输入7.7英寸的宽度以及11.9英寸的高度。为了让一切变得更加方便，需打开“相对”复选框。若要给周围添加1.5英寸的空间，你只需在高度与宽度字段中分别输入1.5即可，无需进行任何计算。当当当，完成。在对话框中的那个复选框下面有一个九宫格的小“锚杆”网格，当你想选择在某处添加空间时可以使用到它。带点的正方形表示的是你的图像，默认情况下，我们都是在图像周围平均增加空间（所以它会位于中间）。例如，如果你只想在图片底部添加空间，则可以单击网格顶部中心的框（现在，你所添加的任何空间都会显示在图片下方），然后只需在高度字段输入你想添加的高度（比如2英寸）。还有一件事：如果你想在视觉上添加空间，而不是使用任何计算的方式来增加，那么请你这样操作：单击并拖出图像窗口的下角（以查看图像周围的区域），按C获取“裁剪”工具，然后单击并拖动图像外面的裁剪边框，以添加你想要的画布区域。按Return（非Mac系统的电脑：Enter）键，它便会为图像添加额外的空间（无论你的背景颜色设置成什么，此方法均适用）。

将边缘以外的东西都裁剪掉

在下一章（关于“图层”）中，你会发现，你可以让内容扩展至屏幕之外，这样你就会看不到它。但由于它是图层的一部分，就仍然存在（你可以单击它，将它拖回屏幕上。如果你才接触图层不久，就去阅读一下关于图层的那一章节，你能有一个更清晰的概念）。若要裁剪任何多余的、你不再需要的东西，只需这样操作：首先按Command-A（非Mac系统的电脑：Ctrl-A）选择整个图像区域（只包括你能在屏幕上看到的区域），然后在“图像”菜单下选择“裁剪”，便会消除图像区域外的任何东西。

更改边框以外的阴影

首先选取“裁剪”工具（C），进入“选项栏”，单击“拉直”字样右侧的第二个图标（它的图标像一个齿轮），将会弹出一个选项菜单。这个菜单底部附近有一个“启用裁剪屏蔽”选项，你可以在裁剪之前在此调整裁剪区域出现在屏幕上的深浅（默认情况下，它的阴影为75%）。你可以使用“不透明度”滑块更改这一数值（可使其暗如纯灰色，也可使其完全透明）。当然，你也可以选择不同的颜色，从“颜色”弹出菜单中选择“自定义”即可（如果你正在裁剪的是黑白图像，这可能对你有所帮助）。就我个人而言，我从来不会改变这个颜色。但如果你想要有所改变的话，大胆地去做吧。

第6章

如何使用图层

这就是乐趣所在

为什么我们在这一章才能获得乐趣？我来告诉你为什么：凡事你都必须“交学费”。没错儿，就是这么简单。你想呀，如果你在刚打开这本书的时候就能遇到各种有趣的东西，那么到现在你一定会觉得无聊。你肯定会这样说，“刚开始的时候还挺有意思的，但到现在感觉习以为常、毫无新鲜感了。”而你现在想的一定是，“我们终于要看有趣的东西了。”我觉得上一个想法本身就会剥夺你的乐趣。我们的父母不仅发明了这一技巧，而且让它蓬勃发展并延续了下来。这个小技巧简直就是他们的万金油。还记得吗？在我们小的时候，我们的父母常常说：“将来我们也会让你吃像我们吃的这种固体食物，但是现在还不到时候，你还需要继续学习。现在你还是乖乖吃你的燕麦粥和豌豆砂锅吧。”哎，曾经真的就是这样。无论如何，父母们在让我们满怀期待地憧憬美好事物这一方面简直就是专家。而现在，我们会将这个历史悠久的传统传承到我们的孩子身上，让他们一直在“背景”图层操作，宛若回到了Photoshop 2.0之前、图层刚刚被引入的时代。当然，由于当时图层的概念还没有发明出来，他们并没有将背景图层称为“背景图层”。他们称之为“Ernie”（这对于直接接触Photoshop 3.0版本之后的人来说一定非常奇怪）。所以，当我最初完成了关于Photoshop的几本书时，当我需要谈论关于那个图层的操作的时候，我必须说“我们现在来到Ernie，对色阶进行一些调整”。而当时每个人都知道，这便意味着到了再来一份液化燕麦和豌豆砂锅的时候了。朋友们，我们已经期待太久了。现在就开始享受乐趣吧！

创建或删除一个新的空白图层

打开“图层”面板，单击“创建新图层”图标（它是面板底部右起第二个图标，看上去如同一篇左下角卷起的书页）。单击它，它便会在你现有的图层之上创建一个新的图层（如上图所示）。默认情况下，图层是完全透明的，所以现在你的图片看起来并不会有所不同，但你会在“图层”面板中看到一个新的空图层（名为“图层1”）。顺便说一下，如果你按住Command（非Mac系统的电脑：Ctrl）键，然后单击“创建新图层”图标，它会在当前图层下面创建一个新图层——当然，除非你已经位于“背景”图层，因为……嗯……背景下面已经什么都没有了。“背景”图层已经是“最底层”了，可以这么说。若要删除一个图层，请单击此图层，然后单击“图层”面板底部的“垃圾桶”图标，或者直接按键盘上的Delete（非Mac系统的电脑：Backspace）键。

给图层重新排序

打开“图层”面板，只需单击图层并将其拖动至你想要的顺序（我把顶层的图层3拖到了图层1的下面）。它们从底部到顶部堆叠（就像你在桌子上堆叠纸张一样），因此顶部的图层上的任何内容都将覆盖它下面图层上的内容，以此类推。你可以把你的图层设想为透明的塑料片——它们本来都是透明的，直到你在上面写了些什么（如果你年纪够大，你一定记得头顶投影仪吧［你知道我说的就是你］，图层的工作原理与投影仪大致相同——由醋酸纤维制成的透明塑料片一张叠着一张。它们的创意相同，只是图层采用了新的技术。顺便说一下，你难道不怀念公共马车吗？你难道不怀念在织布机上工作的情景吗？哎，好怀念过去啊！伙计们，你们呢？如果你正在使用白色修正液修复你的手动打字机造成的错误，那请让我听到“呜——呜——”的打字机声音好吗！好吧，我知道，我又离题太远了。真是抱歉）。

从视图中隐藏某个图层

在“图层”面板中，只需单击图层缩略图左侧的小“眼睛”图标，它便会从视图中隐藏该图层。若要再次查看，单击“眼睛”图标原来的位置即可。若要查看某个特定图层（并隐藏所有其余图层），请按住Option（非Mac系统的电脑：Alt）键，然后单击图层的“眼睛”图标。所有其他图层都将被隐藏，只有一个图层将保持可见。若要使所有图层恢复可见，那就再次按住Option单击那个“眼睛”图标。

将图层从一个文档移动至另一个文档

其实有两种方法：（1）单击你想要复制到另一个打开的Photoshop文档之上的图层，然后在“图层”菜单（位于屏幕顶部）中选择“复制图层”。当“复制图层”对话框出现时，单击并按住“文档”弹出菜单，你将看到其他打开文档的名称（以及创建新文档的选项）。选择要将此图层复制之后所前往的目的文档，单击“确定”，现在所选图层便显示在另一个文档中。（2）单击你想要复制到另一个打开文档的图层。然后，使用“移动”工具（V），单击并按住图像，在图像窗口中，将其拖动至另一个文档窗口。例如，你的图层上有一幅梨的图像，单击“图层”面板中的梨图层，然后将梨图层向上拖动至另一个打开的Photoshop文档的选项卡（如果你已在Photoshop的“首选项”中打开了“选项卡”功能；如果没有，你只需将它拖至另一个文档）。暂时不要放开，一直按住鼠标按钮，直到该文档成为活动文档（只需一秒左右），然后在按住鼠标按钮的同时，将指针向下移动至那个文档。当你的指针出现在另一个文档的新图像区域时，放开鼠标按钮，你的图层便会出现。你刚开始这样操作的时候的确会感到胆战心惊，但等你多操作几次之后，你就会对这个方式产生深深的依赖。

将当前图层与其他图层混合起来

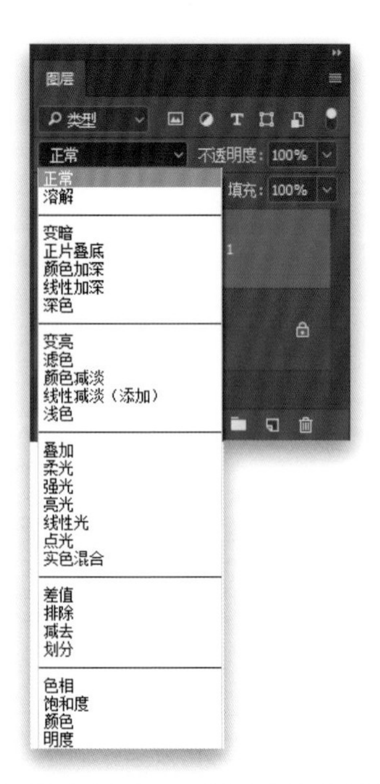

将图层混合模式（位于“图层”面板左上角的弹出菜单之中）由“正常”（这意味着，此图层上的实体覆盖了下面图层上的任何内容）改变为任何其他混合模式（这意味着，现在这个图层上的内容与下面的图层相混合，而不是仅仅是将其覆盖）。例如，如果你最上面的图层上有一个巨大的桃子图像，它将会覆盖其下面的所有图层上的一切内容。但如果你将其改变至混合模式，那么它就会与它们混合在一起。那么到底会如何混合呢？嗯，这取决于你所选择的混合模式。现在先介绍几种，让你有个初步印象：“正片叠底”混合，使图层变暗；“滤色”混合，使图层增亮；“柔光”混合，添加一些对比度；“叠加”混合，增添较高的对比度。若要快速运行所有混合模式，从而查看哪个混合模式更适用，请按Shift-+（加号），它会切换至下一种混合模式。按Shift--（减号）可返回上一种混合模式。

提示：通过“混合颜色带”来更好地控制混合

在“图层”面板中，直接双击图层的缩略图以显示“图层样式”对话框中的“混合选项”。在“混合颜色带”区域，你将看到两个滑块，在其下方有两个三角形滑块旋钮。按住Option（非Mac系统地电脑：Alt）键，然后开始拖动这些旋钮中的任何一个，便可以查看这个图层是如何与其下面的图层进行交互了。注意：当你这样做的时候，它会把旋钮分成两半。不过这正是你想要的，因为这样能让混合变得更均衡。

创建文字图层

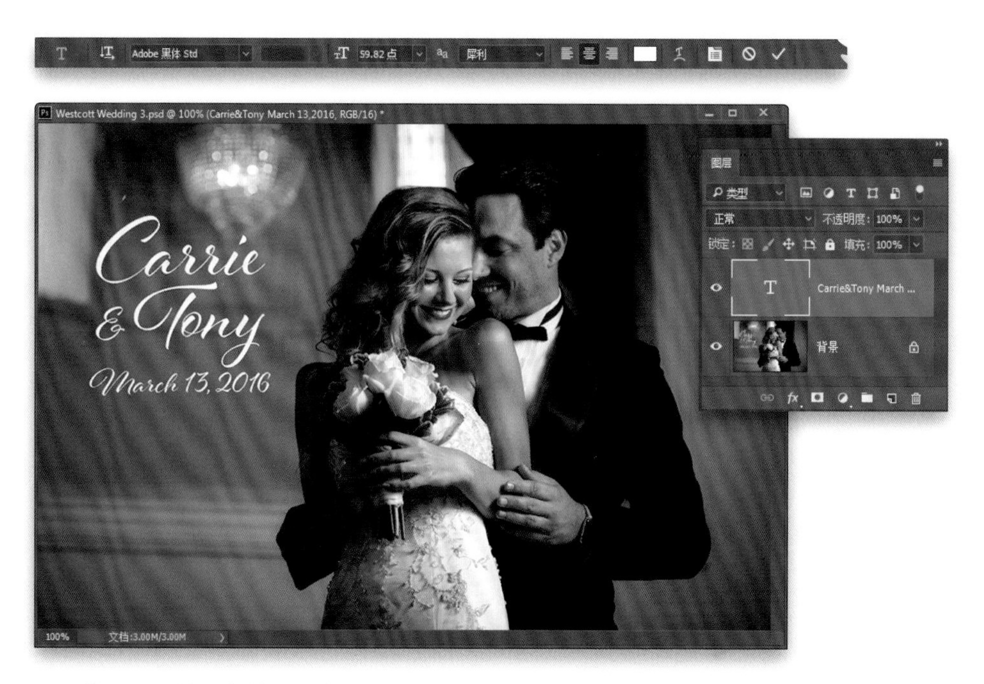

从“工具箱”中获取“横排文字”工具（T），然后单击图像中的任意位置开始输入。噎——你的文字图层出现咯。现在，当你输入的时候，你的文字将会一直向右增加，直到它抵达了图像的边缘——它会像普通的文字文档那样自动转至下一行（关于图层很酷的一件事便是：图层上的物体可以延伸到图像以外的区域，而不会被截断。尽管你看不到屏幕外的部分，但你随时可以将其拉回图像区域）。言归正传。如果你希望你的文字能换到下一行，那么就不要单击之后便开始输入。你需要做的是，单击并拖出一个你想要的文字框大小。在你输入的过程中，当你的文字碰到文字框的边缘时，它会像往常一样换至下一行（如上图所示）。剩下的操作几乎是一样的：若要更改文字，将其突出显示，请在“选项栏”中选择一种新的字体、样式或大小。你会使用到的大多数类型控件都能在那里找到，包括对齐选项（左、中心或右）、颜色等。但是，如果你想要一些更高级的控件，单击右起第三个图标（它看起来像一个小面板）。你将看到“字符”和“段落”面板，其中有选项来设置两个字符间的字距微调（字母与字母或单词与单词之间的空间）或设置所选字符的字距调整（两个单独的字母之间的空间），以及其他一些非常酷的东西，如设置基线偏移、上标和下标、水平和垂直缩放，以及标准连字。如果刚才我在讲述这些的过程中你产生了这样的疑问，“什么？我从来没有听说过这些！”那么你可能不需要单击那个小小的面板图标，只需要学会对付那些“选项栏”中的东西就非常棒了。

擦除一个字母的一部分

首先，你必须将文字从可编辑类型图层转换为由像素组成的图层。然后，你便能够像你使用画笔描绘那样去将其擦除。右键单击“图层”面板中的图层，然后从出现的弹出菜单中选择“栅格化文字”。这就是Adobe所谓的“将这个文字图层变为像素”。就是它——它现在对待你的文字就如同对待一张照片，你可以用“橡皮擦”工具（E）擦除它，或删除它的一部分，等等。所以，好消息是，你可以将文字转换为像素。坏消息是，一旦你这样做，你便不能返回编辑你的文字了（所以，不能去纠正拼写错误或改变字体等）。因此，在将可编辑文字转换为像素之前，请确保你已经处理了字体，并且没有拼写错误了。

尝试不同的字体

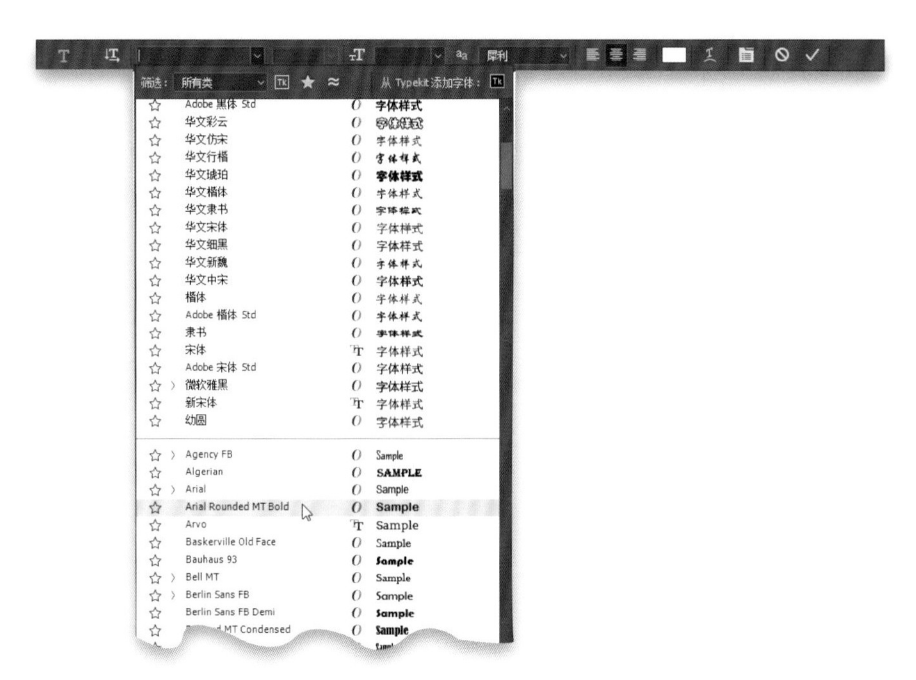

使用“横排文字”工具（T）选择文字，在“选项栏”中单击当前字体名称右侧的那个向下的小箭头，将会显示一个弹出的字体菜单。现在，只需将鼠标指针移动到字体菜单上，屏幕上的文字就会更改。当鼠标指针在文字上经过时，文字便会随着每种不同字体显示出它的即时预览效果。如果你发现其中一个看起来不错，只需单击它，你的文字便会改变为该字体。

使用纯色填充图层

如果要使用纯色填充图层，请单击“工具箱”底部的“前景色”颜色样本，打开“拾色器”，选择要填充图层的颜色，并单击“确定”。然后，按Option-Delete（非Mac系统的电脑：Alt-Backspace），这个颜色便会填充当前图层。如果你希望颜色透明，请转到“图层”面板的顶部，使用“不透明度”滑块降低图层的不透明度。

让图层的一部分变得透明

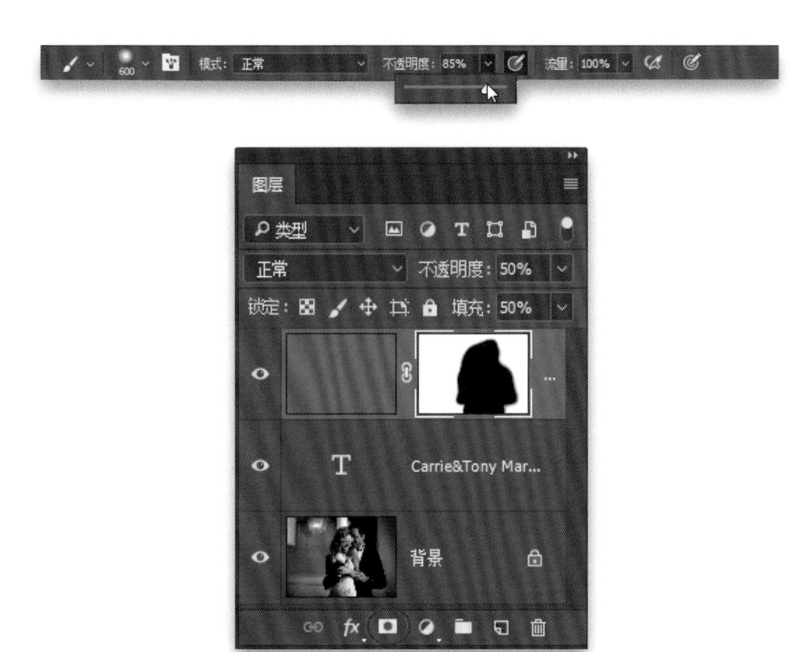

想要让图层的一部分变得透明，有很多不同的方法，但我建议单击“图层”面板底部的“添加图层蒙版”图标（它是左起第三个图标，如上图圈出部分所示）。现在，你可以使用“画笔”工具（B）在图层的任何部分进行描绘（使其变得透明）。默认情况下，“画笔”工具被设置为黑色，这便使得你所涂画的区域都变为透明。但是，不同于只使用“橡皮擦”工具（它能擦掉图层上的东西，但无法返回），图层蒙版是非破坏性的，这意味着如果你搞砸了，并且擦除太多的话，你可以干脆将“前景”颜色变为白色（按字母X可切换前景和背景颜色；因此，按下X，便使你的前景色变为白色），然后在这些不想擦除的区域上描绘，它们便会恢复重现。这是因为你并没有在刚开始的时候擦掉它们——当你使用黑色进行描绘的时候，其实相当于在图层上覆盖了一层蒙版。如果你不想完全擦除图层的某一部分，只想让它的一部分有点透明，那么进入“选项栏”，将画笔的“不透明度”设置降低一点。不透明度的百分比越低，每一个笔画所擦除的便越少。所以，如果你想让图层变得透明一点，可以试试为你的画笔设置一个较低的不透明度。

复制图层

最快捷的方法是按Command-J（非Mac系统的电脑：Ctrl-J），噹——一个图层的副本便诞生啦，它就位于图层的正上方。如果你是按小时收费，你就可以单击想要复制的图层，然后将其拖动到“图层”面板底部的“创建新图层”图标（它位于“垃圾桶”图标的左侧）。这样也能够创建一个图层副本。

整理我的图层

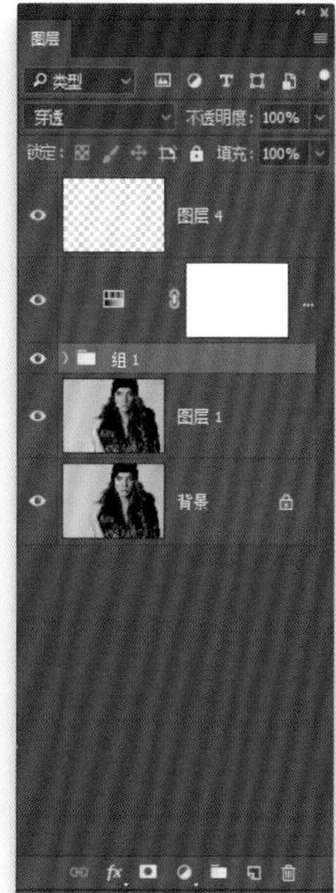

当你开始创建一系列图层的时候，你的“图层”面板中会出现一长条滚动列表，想要快速找到某一个图层真的挺难。所以，我们现在需要像整理电脑里的文档——我们会把它们放入一个文件夹——一样来整理这些图层。“图层”面板中的文件夹称为图层组。若要将一些图层添加至文件夹中，请先按住Command（非Mac系统的电脑：Ctrl）键，然后在“图层”面板中单击要放入文件夹的所有图层。接下来，单击面板底部的“创建新组”图标（它看起来如同一个文件夹。如上方左图所示；或者只需按Command-G［非Mac系统的电脑：Ctrl-G］），它会将所有选中的图层放到自己的文件夹（好吧，其实是“图层组”，如果你非要这么称呼的话。如上方中间图所示）中。这真的有助于保持你的“图层”面板整洁美观、井井有条（你就无需永无止境地滚动翻找某个图层了）。顺便说一下，你可能会注意到，当你创建文件夹时，它会折叠起来，所以你就看不到里面的图层了。如果你想寻找文件夹里面的图层，只需单击文件夹名称左侧的小右箭头，它便会展开（如上方右图所示），这样你就可以访问所有图层了。

给图层添加投影

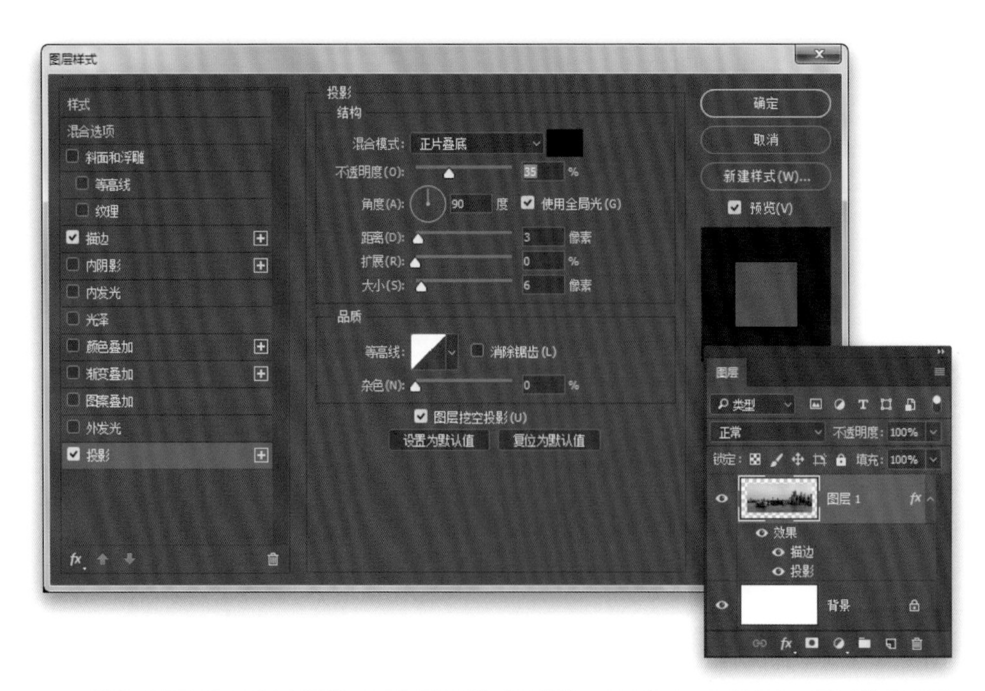

单击“图层”面板底部的“添加图层样式”图标（那个“fx”图标），然后从出现的弹出菜单中选择“投影”。这样便会打开“图层样式”对话框，并为当前图层上的所有内容都添加一道投影。若要增加阴影的模糊度，请向右拖动“大小”滑块以增加其大小。你可以使用此对话框中的设置更改角度和位置，但老实说，将鼠标指针移动到对话框外，直接进入图像本身，单击阴影并拖动至你想要的位置，这真的会轻松许多（这个方法非常酷——快试一试）。阴影设置完毕之后，你会在“图层”面板中的图层缩略图的正下方看到“效果”字样，而它的右下角会有一个“投影”。你会注意到，它们的左侧都有一个“眼睛”图标。如果你单击“投影”左侧的“眼睛”图标，它便会隐藏视图中的阴影。若要使其再次可见，请单击“眼睛”图标原来的那个位置。若要完全删除投影，请单击阴影并将其拖动到“图层”面板底部的“垃圾桶”图标上。好吧，那么“效果”到底是什么意思呢？其实，阴影就是一种效果（它们被称为“图层效果”），当然也有其他一些可以应用到图层上的效果，如描边效果、斜面和浮雕效果、内阴影、外发光以及光泽效果，等等。你可以将多个效果应用于单个图层（如笔触、投影和图案）。单击“效果”左侧的“眼睛”图标可立即隐藏所有效果。仅单击某一个效果旁边的“眼睛”图标只能隐藏这个效果而已。明白了吗？（明白了！）

把图像放在文字里面

首先，从“工具箱”中选取“横排文字”工具（T），单击你的文档，然后创建一些文字（厚厚的粗体字似乎最适合这种效果）。然后，打开你想要显示在此文字中的照片，并将其放在同一文档中（使用“移动”工具进行复制、粘贴或直接拖放，只需将其放入同一文档中即可）。现在，在“图层”面板中，确保你的文字图层位于照片图层正下方。你现在只需按Command-Option-G（非Mac系统的电脑：Ctrl-Alt-G），它便会创建一个剪贴蒙版，将图像放入你的文字。放好之后，你可以使用“移动”工具在文字中单击图像并拖动它的位置。若要从文字中删除图像，请使用相同的快捷方式。此外，有一件很酷的事情：当你的图像位于文字之中的时候，你仍然可以更改文字的字体或大小——只需单击“图层”面板中的文字图层，突出显示你的文字，然后便可以更改字体或大小。

移动“背景”图层（将其解锁）

在“图层”面板中，单击那个小锁图标（位于“背景”右侧）并将其拖动至面板底部的“垃圾桶”图标上（如上方左图所示），它便被解锁了（如上方右图所示）。现在你可以像任何其他图层一样对待它（在堆叠的图层中向上或向下拖动它）。

一次移动多个图层

按住Command（非Mac系统的电脑：Ctrl）键，在“图层”面板中直接单击选择要移动的图层（每个图层都将在你单击时突出显示）。选中所有图层后，单击所选图层之一并将其拖动，所有选定图层上的所有内容将作为一个组一起移动。

锁定某个图层，让它不会移动

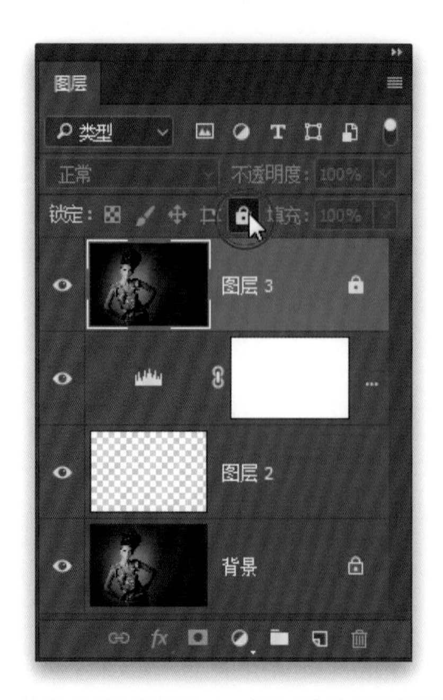

在“图层”面板中，单击要锁定的图层，然后单击面板顶部附近的“全部锁定”图标（小锁，如上图所示）。现在，你绝对不可能不小心移动这个图层，在这个图层上涂画，抑或对它做出任何变动（这个图层名称的右侧会出现一个小锁的图标，提示你此图层已被锁定）。若要将其解锁，请单击图层名称右侧的小锁图标。

将所有图层拼合成一幅图像

单击“图层”面板右上角的小图标（带有线条的那个），然后从出现的弹出菜单中选择“拼合图像”。这样会删除所有图层，只留下“背景”图层，你现在可以将其保存为JPEG、TIFF等格式。注意：只要你没有从视图中隐藏任何图层，你就可以使用这个快捷方式：按Command-Shift-E（非Mac系统的电脑：Ctrl-Shift-E）。这是“合并可见图层”的快捷方式，根据你的图层设置方式，这通常会将所有图层拼合至背景图层。

为图层重命名

只需直接双击图层的当前名称（即图层1、图层2等），它就会突出显示，你便可以输入新名称。完成后，按Return（非Mac系统的电脑：Enter）键来锁定新名称。

将两个图层合并成一个图层

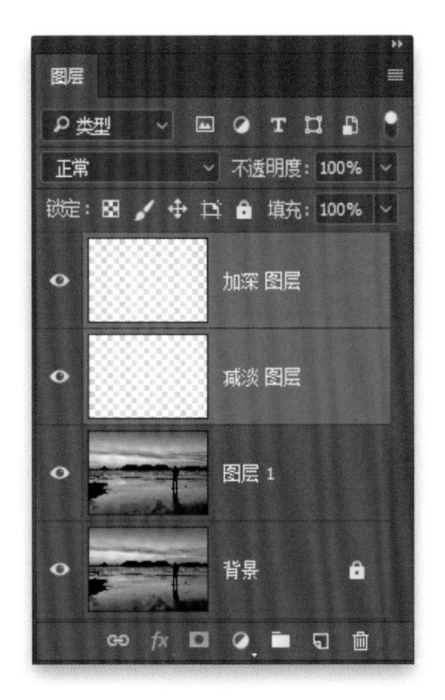

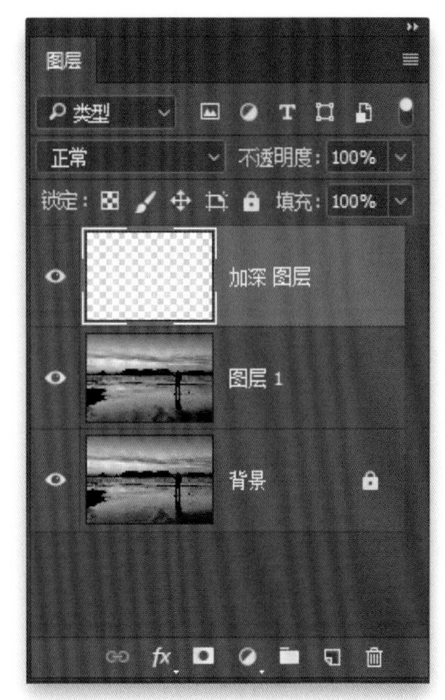

打开“图层”面板，单击要合并的第一个图层，然后按住Command（非Mac系统的电脑：Ctrl）键，并单击选择要合并的其他图层。现在按Command-E（非Mac系统的电脑：Ctrl-E）将这两个图层合并为一个图层。顺便说一下，这不只适用于两个图层，你可以选择你想要的多个图层，然后使用这个快捷方式来将它们合并。

将投影从图层中分离出来

你可以从当前图层中删除一个“投影”图层样式，并通过在“图层样式”下的“图层”菜单中选择“创建新图层”，使这个“投影”图层样式单独显示在一个图层之上（这样你便可以单独对它进行编辑，删除它的某些部分等）。现在，那个投影不再附属于那个图层了——它有它自己单独的一个图层，直接位于原始图层下面（如上方左图所示）。它们不再以任何方式链接在一起，所以你可以把它看作一个完全独立的图层。如果你想要暂时从视图中将其隐藏起来，单击“投影”一词左边的“眼睛”图标。再次单击“眼睛”图标先前所在的位置便能将其恢复。若要完全删除投影，请直接单击图层下面的投影图层，然后将其拖动到“图层”面板底部的“垃圾桶”图标上。

使用颜色对图层进行整理标记

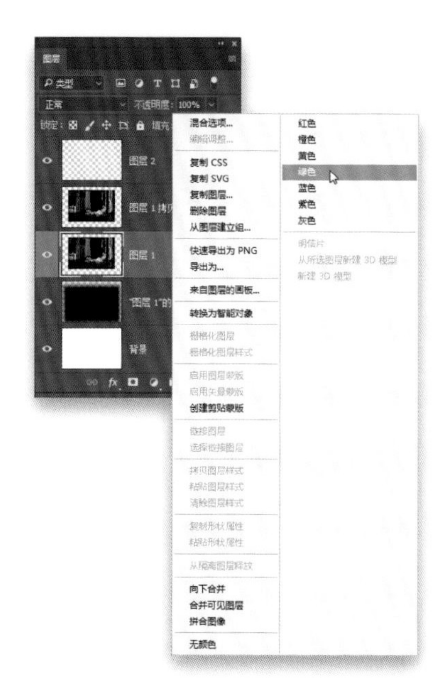

如果你想通过颜色在视觉上为图层分类（这样会更容易识别某些图层），只需右键单击“图层”面板上你想要用彩色代码标记的图层，然后在出现的弹出菜单的底部你会看到一堆不同的颜色可供选择。单击所需的颜色，你会发现该图层的左侧（带有“眼睛”图标的区域）正在使用该颜色着色。若要从图层中删除颜色，请执行相同的操作，但记得从弹出菜单中选择“无颜色”。

降低图层的不透明度而不影响投影的不透明度

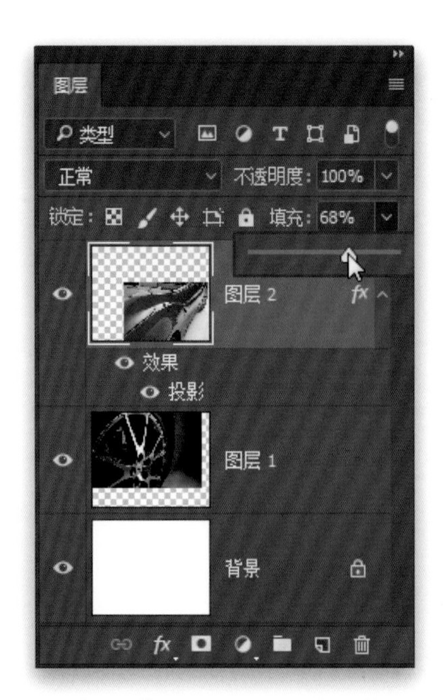

如果降低图层的“不透明度”(靠近“图层”面板顶部)，则会降低所选图层上的所有内容的不透明度——你的对象及其投影(以及其他你所应用过的来自“添加图层样式”图标的弹出菜单中的图层样式)。然而，如果你想保留100%的投影效果(或其他效果)，但希望你的对象变得更加透明，不要使用“不透明度”滑块。请使用其下方的滑块——“填充”滑块。尝试一次，你就能学会了。

快速为图层排序

在“图层”面板的顶部有一排过滤器，可以让你在面板中缩小内容的范围。左上角是“选取滤镜类型”弹出菜单，你可以在其中选择要排序的图层类别。例如，默认设置是“类型”，它的右边是一堆一键单击的排序图标：单击第一个图标可查看像素图层，第二个图标可查看调整图层，第三个图标可查看文字图层，第四个图标可查看形状图层，第五个图标可查看智能对象图层。如果你从弹出式菜单中选择“名称”，则会出现一个字段，你可以在其中输入图层的名称（如果你知道它的名称的话）。你选择的每个类别的右侧都会显示一组不同的排序选项。当你的图层数量庞大时，它们就能有所帮助了。

无需转到图层面板就能更改图层

使用此快捷方式：按住Command（非Mac系统的电脑：Ctrl）键，然后在图像中单击你要跳转到的那个图层上的某个对象（如上所示），并使该图层处于活跃状态。就这么简单。注意：如果你的某个图层的不透明度设置得非常非常低，比如低于30%，这个方法便不会奏效。当你按住Command键单击时，不透明度低于30%的区域会由于没有足够的不透明度而不会被视为图层。可能这并不会发生在你身上——这种情况真的非常罕见，但如果这种情况发生了——至少你会知道为什么这个方法没有奏效。

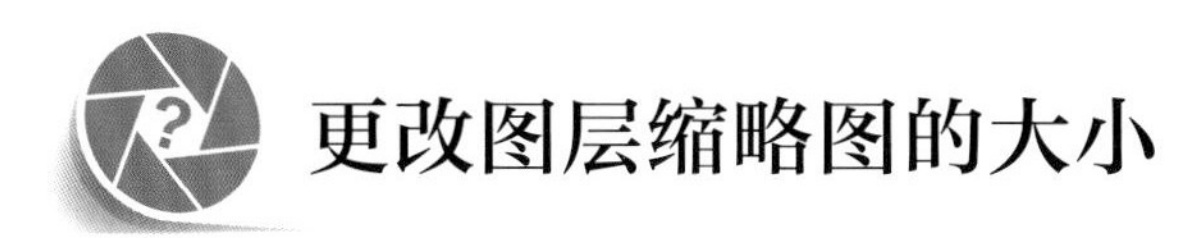

更改图层缩略图的大小

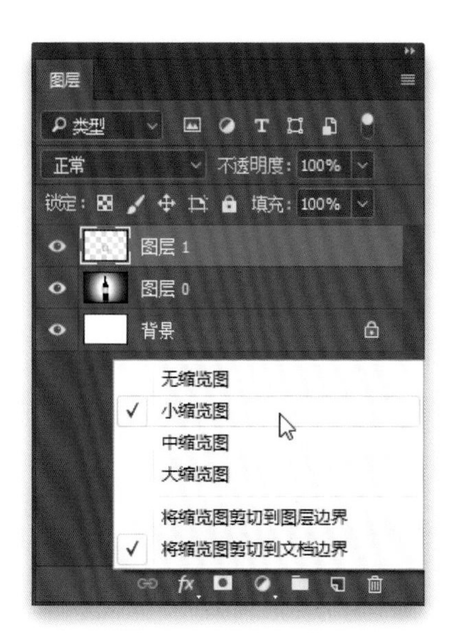

在“图层”面板中，右键单击“背景”图层正下方的空白区域（如果需要，可以单击面板底部并向下拖动）。一个弹出式菜单将会出现，你可以为缩略图选择更大或更小的尺寸（我会使用大缩略图，因为我不会使用大量的图层。我通常很少会有超过5个或6个图层的情况，所以我不介意使用滚动的方式来寻找图层）。

将一张照片与另一张照片拼合起来

首先将每个图像都放在一个单独的图层上，并确保它们重叠（毕竟，如果它们不重叠在一起的话，它们便无法融合起来）。单击最顶部的图像图层，然后单击“图层”面板底部的“添加图层蒙版”图标。此时不会有任何视觉效果（除了它在“图层”面板中此图层的右侧添加了一个蒙版）。下一步就开始拼合了。从工具箱中获取“渐变”工具（G），从“选项栏”中的“渐变选择器”中将“前景色”选择为“透明”，然后单击“选择器”旁边的“线性渐变”图标。按字母X便能将你的“前景”颜色设置为黑色，然后单击这个工具，并从左到右或从上到下（如有需要，可以既从左到右，又从上到下）拖动。你在顶部图像开始单击和拖动的那个区域便是将会显示透明的区域。在你拖动的过程中，这个图像将会与背景图像相融合（顺便说一句，这就是将照片拼合在一起的工作方式）。如果你不喜欢第一次尝试的效果，按Command-Z（非Mac系统的电脑：Ctrl-Z）来撤销，接下来只需再次单击并拖动。如果你一点儿也不喜欢这个结果，请单击“图层”面板的图层缩略图右侧的图层蒙版缩略图，然后将其拖动到“图层”面板底部的“垃圾桶”图标上。

将多个图层对齐或居中

在“图层”面板中，单击要居中（或对齐）的第一个图层，按住Command（非Mac系统的电脑：Ctrl）键，然后再单击你想要居中或对齐的任何其他图层（我经常会首先选择“背景”图层，然后按住Command键单击任何其他我想要居中的图层，来将文档中的图层对齐）。现在按V获取“移动”工具，然后在“选项栏”中你会看到两组对齐图标（就位于“显示变换控件”的右侧）。这些图标就是关于每个功能的作用的小小预览。在第一组中，第二个图标是将所选图层垂直居中，第五个图标是将所选图层水平居中。其他图标负责将所选图层上的对象向左、向右、向顶部或底部对齐。第二组图标用于控制图层上内容的分布（控制它们之间的空间）。

在图层上的某个对象周围描边

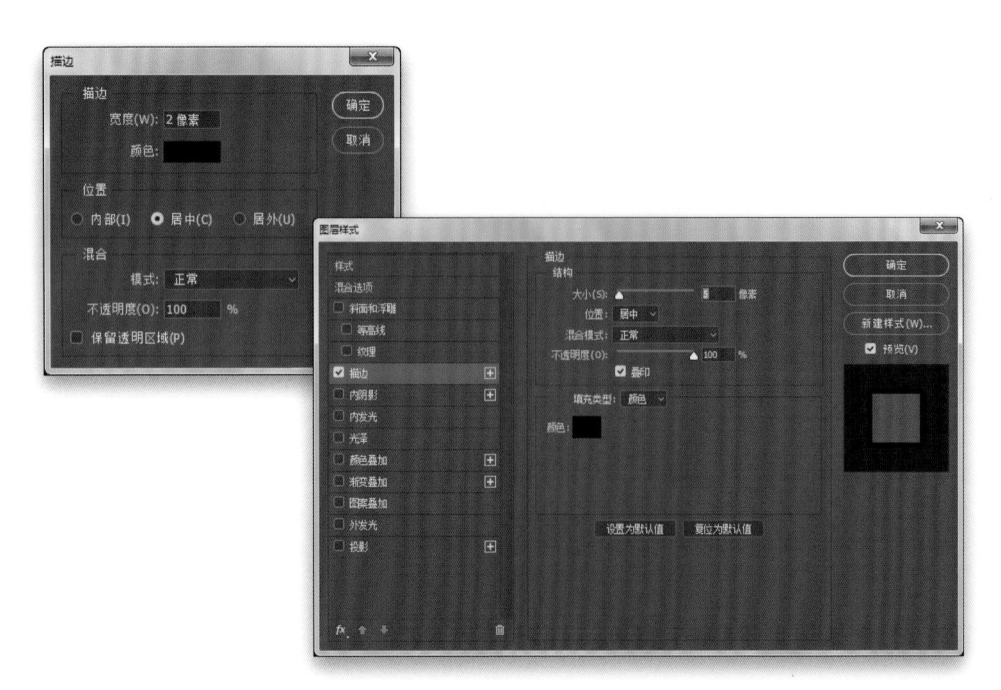

有两种方法：我最常用的方法是打开“图层”面板，按住Command（非Mac系统的电脑：Ctrl）键，然后直接单击图层的缩略图。这样就会对此图层上的所有内容进行选择。选择完毕之后，我会在“编辑”菜单下选择“描边”。“描边”对话框将会开启（如上方左图所示），你可以在此选择你想要的笔触的粗细、颜色以及你想要放置的位置（我通常选择“中心”，因此这个描边会一半在选区外部、一半在选区内部）。单击“确定”，描边便会得以应用。然后你需要按Command-D（非Mac系统的电脑：Ctrl-D）取消选择。第二种方法是将一个图层样式应用于整个图层，那么这一图层上的任何内容都会获得可编辑的描边。单击“图层”面板底部的“添加图层样式”图标，然后选择“描边”。“图层样式”对话框中便会显示“描边”选项，你可以在其中选择你想要的描边样式。描边的处理方式几乎与添加投影的处理方式相同——你可以删除它，从视图中隐藏它，等等，方法都相同。

让我的RAW格式文件变成一个可重新编辑的图层

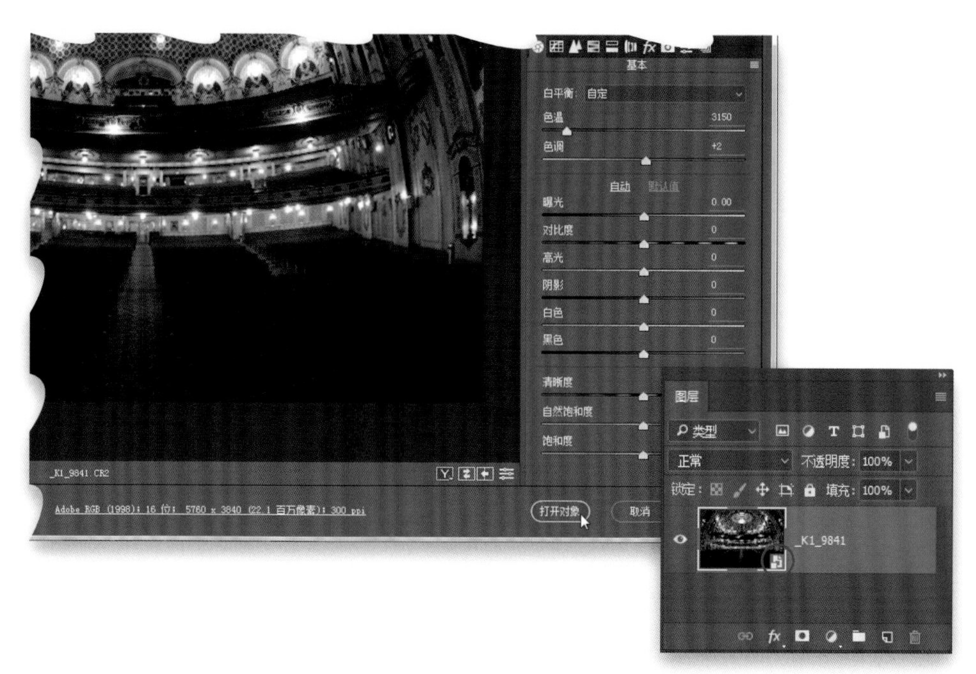

当你在Camera Raw界面中的时候，在你按下“打开图像”按钮，在Photoshop中打开RAW格式图像之前，按住Shift键，你会注意到“打开图像”按钮会更改为“打开对象”。单击该图像，它将作为智能对象图层打开（你会看到它已成为一个智能对象图层，因为它将一个小页面图标添加到了图层缩略图的右下角，如上图圆圈中所示）。只需直接双击该图层的缩略图，你的RAW格式图像即可随时重新进行编辑。当你这样做的时候，它会在Camera Raw中重新打开原始的RAW格式图像，以便你可以调整或更改它。当你单击“确定”之后，它便会更新图层。

第7章

如何调整图像

微调你的图像

有什么比你的图像本身更重要呢？好吧，其实有一些诸如世界和平和其他宏伟的目标的确重于泰山，但除了世界和平以及为我们的家庭营造一个充满尊重与关爱的环境以外，我们的图像本身还是最重要的。好吧，也许我忽略了每个人都能享用可以承担的医疗保险这一目标。这当然也举足轻重，但是除了这些（撇开“为即将到来的僵尸启示录做好充分的生存准备”这件事不谈），我需要想象你的图像本身到底占据着何等重要的地位。嗯，还有，在你最喜欢的电视情景喜剧中能出现一个有台词的跑龙套角色。我想说的是，台词对于一个跑龙套的角色而言也应该是一个不可剥夺的权利，但由于每一集中会出现那么多角色，我不知道怎么让那些跑龙套的人也有发声的机会。所以，言归正传，说回我们的图像主题。图像对于我和许多摄影师而言就是重要事件列表上排名第一的事情——只要没人算上米兰达权利（美国刑事诉讼中的米兰达权利Miranda Rights，也就是犯罪嫌疑人保持沉默的权利，是个具有特殊意义的法律制度。“你有权保持沉默。如果你不保持沉默，那么你所说的一切都能够用作你的呈堂证供。你有权在受审时请一位律师。如果你付不起律师费的话，我们可以给你请一位。你是否完全了解你的上述权利？”这句话就是著名的“米兰达警告”，也称“米兰达告诫”，即犯罪嫌疑人、被告人在被讯问时，有保持沉默和拒绝回答的权利。——译注），因为这些都至关重要。你使用三脚架被捕的机会明显高于其他人——包括那些持有未经许可武器的人，他们挫掉了武器上的序列号，这样便无法追查得到。因为，众所周知，在这个理性的民主社会里，最让我们时刻注意的一件事便是，摄影师在低光的情况下拍摄的照片不应该是模糊的。如果发生了这种情况，我们知道，社会将会崩溃，街道上将会遍布混乱声讨的人群，而这些将会导致选民欺诈。我们都知道这将最终造成一片混乱，这就是我们战败的原因。

使用色阶调整我的图像

在“图像”菜单的“调整”中选择“色阶”(或使用键盘快捷键Command-L［非Mac系统的电脑：Ctrl-L］)。在“色阶”对话框中，我们通常会做的第一件事便是，通过使图像最亮部分尽可能亮却不会造成高光溢出来扩展图像的色调范围，暗部反之亦然。方法如下：按住Option(非Mac系统的电脑：Alt)键，然后单击并按住“高光”滑块(直方图下方的白色滑块)。这将会使图像变黑。开始向左拖动滑块，直到看到白色区域开始出现(如上方插图所示)。这些白色区域的出现是为了警告你，图像的那些部分正在变得越来越亮，快要过度曝光，所以应该将滑块退后一点，直到白色区域消失。接着对“阴影”滑块(直方图下面的深灰色滑块)也做同样的操作，但现在图像不是变黑，而是变白。向右拖动“阴影”滑块，在你拖动滑块的过程中，在黑色中出现某些东西的时候便意味着暗部溢出，所以让滑块退后一点。最后，你可以使用中间那个“中间调”滑块(直方图下方的那个浅灰色的滑块)来控制整体亮度。在了解上述方法之后，我想让你知道，我在我自己的操作流程中很少使用“色阶”。它属于一种“老派”的调整图像的方式(下一页我们会介绍的“曲线”同样很“老派”)。现如今的操作流程都是使用Camera Raw，要么在打开图像之前就使用它，要么在Photoshop中打开之后作为滤镜使用(有关更多信息，参阅第3章)。

使用曲线添加对比度

在“图像”菜单的“调整”中选择“曲线”（或使用键盘快捷键Command-M［非Mac系统的电脑：Ctrl-M］）。虽然你可以使用“曲线”设置你的整体高光、中间调和阴影（就像我们在上一页介绍的“色阶”一样），但现在我们大多使用它来添加对比度（当你想要比Camera Raw中的“对比度”滑块所带给你的对比度还要多的时候）。当“曲线”对话框打开时，你将在中心和对角线看到一幅图表——我们就是通过调整这条线来调整对比度的。在对话框的顶部，你将看到一个添加（或减少）对比度的预设弹出菜单。现在，选择“中对比度”（如上图所示），你会看到对角线变成了略微S的一个形状（我们称之为“S型曲线”）。“S型曲线”越陡，你的图像的对比度越大。现在选择“强对比度”，你会发现“S型曲线”——它变得更陡了，你的图像的对比度又加深了许多。你可以通过单击并拖动显示在曲线上的调整点来手动编辑曲线，也可以通过单击曲线上的任意位置来添加自己的点。若要删除一个点，单击它，并将其快速拖离曲线即可。再次声明，正如我在上一页所说的那样，对于摄影师来说，这种调整图像的方式太过“老派”——更现代的操作流程是在打开图像之前使用Camera Raw，或在Photoshop中打开图像之后使用它（再次声明，参见第3章）。

删除色偏

有很多方法可以完成这一任务，比如使用“曲线”或“色阶”（我们即将介绍的方式，它的工作原理与“曲线”或“色阶”相同）。按Command-M（非Mac系统的电脑：Ctrl-M）打开“曲线”对话框，然后单击直方图下方中间的那个吸管（它的一半被浅灰色填充）。现在，单击你的图像中应该是浅灰色的区域，它能帮你解决色偏问题。如果你单击它，但色偏问题没有得以解决的话，那么请尝试单击其他地方的浅灰色区域。然而，我的首选方法是打开Camera Raw并使用“白平衡”工具：在“滤镜”菜单下选择“Camera Raw滤镜”。当“Camera Raw”窗口出现时，从工具栏顶部获取“白平衡”工具（I），然后单击图像中应该为浅灰色的内容。再说一遍，如果你单击它之后，色偏问题并没有得到解决的话，尝试单击别的地方的灰色内容，直到它看起来一切正常。

添加染色或颜色渐变

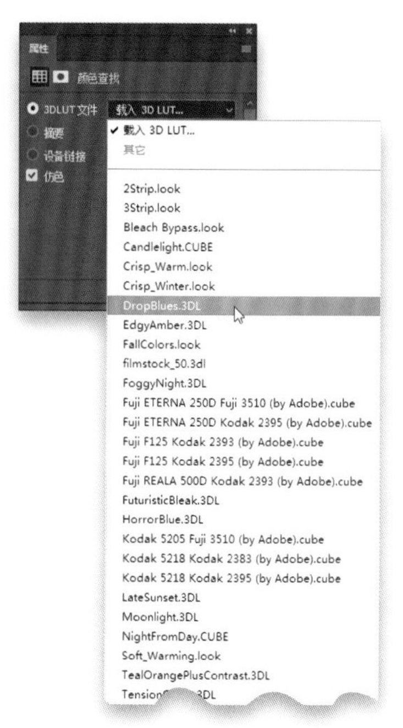

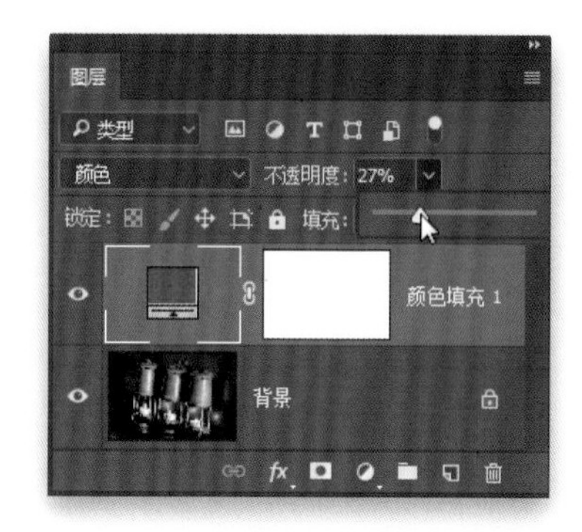

我的操作方法是：在“图层”面板底部单击“创建新的填充或调整图层”图标（它是左起第四个；它的图标看起来像一半白色、一半黑色的圆圈），然后从弹出菜单中选择“颜色查找”。当“属性”面板中的“颜色查找”选项出现时，单击并按住“3DLUT文件”弹出式菜单，你将看到一个可应用的颜色色调和颜色分级的列表，你可以从此菜单中选择一个应用于你的图像（见上方左图）。这些更改会各自以单独的图层显示于“图层”面板中，因此你可以通过简单降低那个“颜色查找”图层的“不透明度”（靠近面板右上角）来减少图像的强度。如果你想要更多的纯色调，首先删除刚刚添加的“颜色查找”调整图层（单击并将其拖动到面板底部的“垃圾桶”图标上），然后进行以下操作：从“创建新的填充或调整图层”中选择“纯色”。这样便会打开“拾色器”，你可以选择你想要的颜色色调。所以，选择一种颜色，然后单击“确定”。你的图像上便会显示纯色（但这不是你想要的颜色，对吧？），接着将图层混合模式（靠近“图层”面板左上角）从“正常”更改为“颜色”。这使得纯色显示为染色，并与你的图像混合（而不是以纯色去覆盖你的图像）。现在你可以通过降低“颜色填充层”的“不透明度”来降低染色的强度（如上方右图所示）。

处理某个颜色过重的问题

如果你的照片中某种颜色太过强烈（例如，红色太红，这在某些相机中十分常见），请尝试以下操作：在“图层”面板的底部单击“创建新的填充或调整图层”图标（它是左起第四个；它的图标看起来像一半白色、一半黑色的圆圈），并从弹出菜单中选择“色相 / 饱和度”。当“属性”面板出现时，单击弹出菜单左侧的设置为“全图”的小手图标（位于面板顶部附近），然后单击图像中需要降低颜色的区域，接着向左拖动它。这样便会降低该颜色的强度（反之亦然——将其向右拖动会增加该颜色的饱和度）。

将一张照片的某种颜色匹配至另一张照片

打开包含你喜欢的整体色调的那幅图像（我们称之为“源图像”），然后打开要与源图像的颜色匹配的图像（这样你的这两幅图像便都打开了）。首先确保你想要更改颜色的那张照片是活动图像窗口，然后在“图像”菜单下的“调整”中选择“匹配颜色”，从而打开“匹配颜色”对话框。在对话框底部的“图像统计”区域中，从“源”弹出菜单中选择源图像（包含正确色调的那张照片），它便会立即将活动图像中的色调与源图像相匹配。大多数时候这样就能出色地解决问题，但效果当然取决于图像（例如，如果你想让一张城市夜景图的总体色调与在中午拍摄的一幅森林图像匹配，效果可能并不尽如人意）。我们在这里所谈论的匹配指的是在类似环境中所拍摄的图像，并且它们看起来没有太多区别。在这种情况下，这个方法通常都能水到渠成。

在Photoshop中打开的图像上使用Camera Raw

你可以通过在“滤镜”菜单下选择“Camera Raw滤镜”，将“Camera Raw”作为滤镜应用于已打开的图像。现在你可以像平常一样使用Camera Raw（不过在这种情况下，有一个功能会消失，那便是“裁剪”工具。当你使用Camera Raw作为滤镜的时候，“裁剪”工具不会出现——你必须在Photoshop中手动进行裁剪。这就是为什么我在Camera Raw的章节[第3章]和第5章中都涵盖了裁剪功能）。完成后，单击“确定”，它便会将更改应用于图像。

让Photoshop自动修复照片

Photoshop的确会做几种自动更正，并且每一种所打造的效果都截然不同。所以，你可能需要多尝试几个，看看哪个最适合你的照片。首先，我会尝试“自动调整”：在“图像”菜单的顶部附近选择“自动调整”，看看效果如何。如果效果不太理想，按Command-Z（非Mac系统的电脑：Ctrl-Z）撤销自动调整，然后尝试“图像”菜单中的“自动对比度”（这更侧重于添加对比度，但这可能正是你的图像所需要的）。如果这个效果不够好，那就撤销它，继续尝试下一个——“自动颜色”。如果这些没有一个适合你的图像，请在“滤镜”菜单下选择“Camera Raw滤镜”。当“Camera Raw滤镜”出现时，单击“自动”按钮（它看起来更像一个链接，而不是按钮——它位于“白平衡”滑块下方）。如果你的图像现在看起来太亮（有时在Camera Raw中自动更正的时候会发生这种情况），那就将“曝光”滑块的数值调低一点，直到它看起来令你满意。

使我的调整永远可编辑

不要直接对图像进行某个调整（通过在“图像”菜单下的“调整”中选择那些调整方式，如“曲线”“颜色查找”或“色相 / 饱和度”等），而应该从“图层”面板底部的“创建新的填充或调整图层”图标（它是左起第四个图标，它看起来像一半白色、一半黑色的圆圈）的弹出式菜单里选择一种调整。这样做会将你所做的调整以一个单独图层的形式添加至当前图像图层之上，这样你便可以随时重新调整（只需单击该调整图层，控件就会重新出现在“属性”面板中），或者通过将该调整图层拖动到“图层”面板底部的“垃圾桶”图标上来永久删除。这个做法有一个巨大的优势：通常，当你在Photoshop中进行操作的时候，你可能会撤回20步。但你采取这种方式之后，你便不需要撤销那么多的步骤。通过将这些图像调整应用为调整图层（而不是从“图像”菜单中的“调整”之下直接选择这些调整选项），将此文件保存为分层的Photoshop文件，并且所有这些图层完好无损，你便可以在下个星期、明年，甚至10年以后重新打开此分层文件并编辑或删除某个调整。所以，它就是一个永远可以撤销的存在。当然，如果你将这个文件保存为图像形式，那么所有的图层便都会消失。因此，若要保留这个“永久编辑”功能，请记住保存一个带有所有这些图层的图像版本（保存为Photoshop [PSD] 格式——这能保持你的图层完整——而不是保存为JPEG，这会仅保存为图像形式）。

转换为黑白

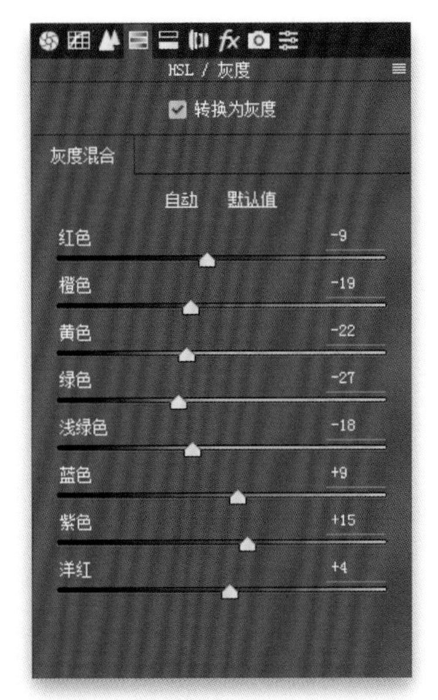

单击“图层”面板底部的“创建新的填充或调整图层”图标（它是左起第四个图标；其图标看起来像一半白色、一半黑色的圆圈），然后从弹出菜单中选择“黑白”。当“属性”面板出现（如上方左图所示）时，你的图像便已转换为黑白图像，但你可以通过移动“面板”中的“颜色”滑块来调整这个黑白效果，而且你立即就会在屏幕上看到对彩色版本的图像中的色彩进行调整会对黑白效果造成什么样的影响。在面板的顶部有一个弹出菜单，上面列有一些你可以尝试的预设（有些预设的效果相当不错。当然，这一切都取决于你的图像，对吧？）；下方还有一个“自动”按钮，可以自动进行黑白转换（这挺值得尝试——如果你不喜欢它的效果，只需按Command-Z［非Mac系统的电脑：Ctrl-Z］撤销即可）。Camera Raw有一个类似的黑白转换功能，如果你喜欢的话，可以在那里完成这一操作。打开一幅彩色图像，然后在“滤镜”菜单下选择“Camera Raw滤镜”。在“Camera Raw滤镜”窗口中，单击直方图下方左起第四个图标，便能够进入“HSL / 灰度”面板（如上方右图所示）。现在，打开面板顶部的“转换为灰度”复选框，你的图像便会变为黑白。你也可以使用下面的滑块来调整你的图像，就像你在Photoshop中的操作方法一样。

VORTEX

第8章

如何解决问题

问题总会存在——当然指的是你的图像的问题，而不是Photoshop的问题——呃，希望Photoshop不会出问题

人眼真是一个相当神奇的东西——可视光的范围大到令人难以置信。当然，除非当时你的眼睛里落入了一根小睫毛。然后，不仅你的眼睛，你的整个身体都会全神贯注地思考着怎么把这根小睫毛给弄出来。在这段时间里，你基本上处于一个瘫痪的状态，无法做其他任何事情，即使你的另一只完好无损、功能健全的眼睛里压根没有半根睫毛。你可能会觉得，像头发一样细的东西怎么可能阻止一个会移动，会呼吸的科学奇迹，但就是因为这么一根小小的睫毛，基本上“一切都完了”。现在，让我们比较一下你相机中的传感器，它无法捕捉与你的眼睛一样宽泛的范围。拿起1根睫毛——不，拿起10根睫毛——放在你的镜头上，看看会发生什么。没人会在意。你把它们吹走，继续拍摄。这就是为什么我们有这么多的问题，它们都是由我们的镜头、我们的眼睛、我们的传感器或一到两根掉落的睫毛所造成的。这就犹如“死亡之星”——一个巨大的如行星一般大小的太空站 / 武器被一个如同软弹气枪的子弹击中了某一个小点，那么它便被全部摧毁。这就如同“银河帝国”版本的眼睛里落入了一根睫毛（我们都知道后续会发生怎样的灾难）。话说回来，由于人眼所看到的东西和相机传感器所捕捉的东西之间的这种差异，让你必须时刻处理这些问题，而 Photoshop 则是解决这些问题的工具。Photoshop 将有助于隐藏一个小的热排气口，这个热排气口后来就成了《星球大战》中的“红色中队”那3人所组成的Y-Wings的目标。好吧，也就是说，这一切都可以通过使用“仿制图章”工具避免。只是说说而已。

修复建筑物的图像（镜头问题）

镜头问题经常发生，但是镜头问题最明显的时候通常都发生于建筑物的照片中（特别是采用广角镜头拍摄建筑物时），照片中的建筑物一般表现为向外弯曲或向后倾斜。不过，通常只需单击鼠标两次即可解决这个问题：（1）在“滤镜”菜单下选择“镜头校正”。（2）在“自动校正”选项卡中，确保“几何扭曲”复选框处于打开状态（如上方左图所示）——这使Photoshop可以通过其内置的镜头校正配置文件数据库查看。如果它找到了一个非常合适的匹配项（通常情况下它都能找到），它便能修复镜头扭曲的问题。在“搜索条件”区域，如果它找到了适合你的相机 / 镜头组合的配置文件，你便会看到相机的制造商和你的配置文件的名称。如果你看到“选择相机制造商”，这就说明它没有自动找到适合你的相机的匹配项。好消息是，一般来说，你只需要选择你的相机品牌，它便会瞬间明白镜头的匹配项（参见数据）。不过，如果你需要在此之后手动调整任何东西，你都可以单击“自定义”选项卡，然后调整膨胀（“移去扭曲”）、旋转和倾斜等所有问题（“垂直透视”）。这听起来很简单，但它真的有效——只需将每个滑块一路拖至最左，然后一路拖至最右，你很快便能明白每个滑块的作用，以及它对你的图像会产生怎样的影响。现在我已经介绍完了这种方法，但“镜头校正滤镜”并不是我解决这个问题的首选途径。我会使用Camera Raw的“镜头校正”来解决这个问题（参见第3章），因为它有“自动Upright”功能，这就能自动修复很多类似问题。但是，如果你不想使用Camera Raw作为滤镜，那么这将成为你的最佳备选方案。

删除紫色或绿色边缘

在“滤镜”菜单下，选择“镜头校正”，然后把存在这种颜色边缘问题（这些其实是色差问题）的区域放至非常大。现在，单击“自定义”选项卡，然后拖动“色差”滑块来匹配你遇到的颜色边缘问题，直到颜色边缘消失（你可能需要移动多个滑块）。介绍完这个功能之后，我想说的是，其实我更喜欢使用Camera Raw的“镜头校正”来消除色差，因为可以打开它的一个自动功能，而通常这个简单的做法就能解决问题（详情请参见第3章）。具体操作方法如下：在“滤镜”菜单下选择“Camera Raw滤镜”，然后单击“镜头校正”图标（它位于直方图下方，右起第四个）。在“镜头校正”面板中，单击面板顶部的“颜色”选项卡，然后打开“删除色差”复选框。如果这些操作无法解决问题，你可以将“紫色”或“绿色数值”的滑块一直向右拖动，直至边缘消失（不要忘记彻底放大边缘区域，只有这样你才可以在调整滑块之前清楚地看到问题所在。这可以让你避免过度调整）。还需要注意的一点是：“数量”滑块下的“色调”滑块是为了帮助你弄清那些导致问题的紫色或绿色的确切色相数值。所以，如果提高数值无法解决问题的话，你可能需要移动一个“色调”滑块，直到它的数值与紫色或绿色的正确色相吻合，这样边缘才会消失。

将图像安全拉伸至适合构图的大小

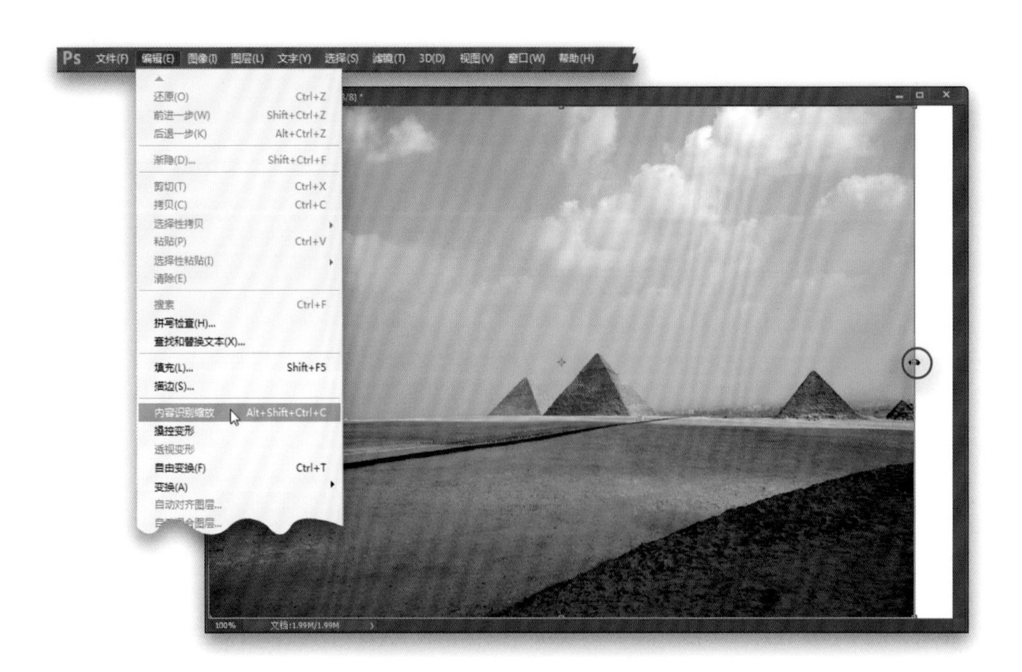

如果你需要扩展图像的边缘区域（也许为了让图像符合一个特定的尺寸，比如一张8.5x11"纸张大小上的边距为0的全幅照片），你可以使用一些Photoshop魔法来拉伸图像中不重要的部分（或者将其收缩也可以），通常我们不会拉伸图像中重要的部分。具体操作方法如下：单击你想要拉伸的图层，然后在“编辑”菜单下选择“内容识别缩放”。现在，只需抓住一个侧面或角落的某个点，开始沿着你想要的方向拖动（如上图所示），它便会以某种方式计算出什么是图像中重要的部分，它会锁定该部分——所以，如果你正在调整一张风景照片，它便只会拉伸天空部分，而不会将山体向上拉伸。Photoshop能够将任务完成得相当出色，它能拉伸你的图像而不会弄乱其内容，这真是智能到难以置信。当你完成后，只需单击Return（非Mac系统的电脑：Enter）锁定你那智能的伸展。能够完成这一任务真的需要感谢“内容识别缩放”这一功能。还需要注意的一点是：如果你的照片中有人，当你选择了“内容识别缩放”，但还没拉伸图像时，请单击“选项栏”中的“保护肤色”图标（那个小人形图标）。这有助于让Photoshop寻找人的部分进行锁定，不去拉伸他们。

处理集体照

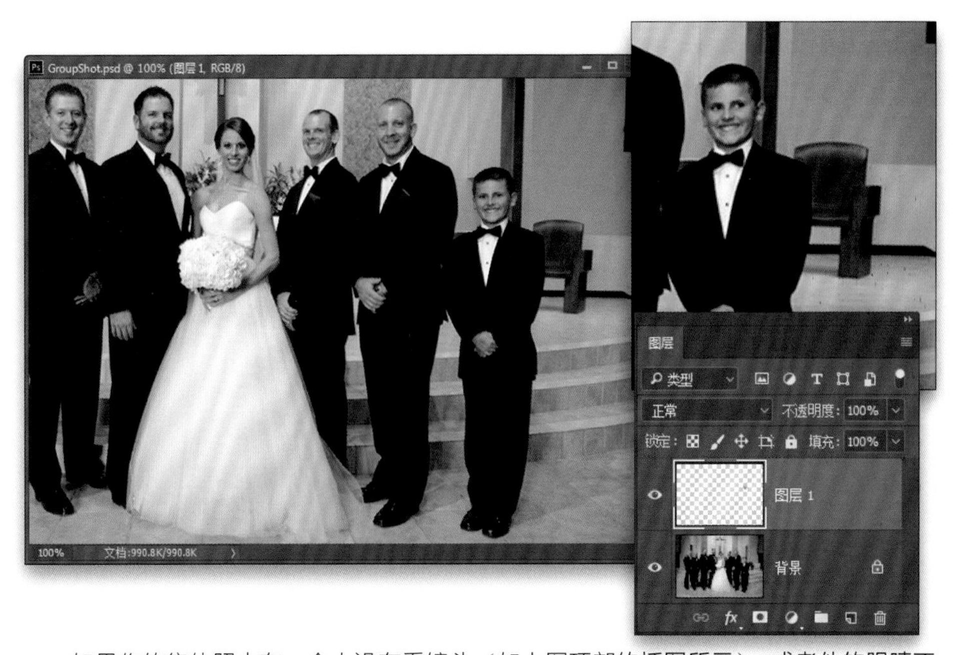

如果你的集体照中有一个人没有看镜头（如上图顶部的插图所示），或者他的眼睛不小心闭上了，或者他的面部表情非常糟糕，我们通常会从另一张集体照（你一定拍摄了不止一张集体照，对吧？通常为了避免这种情况的发生，都会多拍几张。）中选取他的眼睛（或面部表情）来替换。这个操作其实比你想象的要容易。在眼睛睁开的那张照片中，使用“套索”工具（L）在他的整个眼睛区域（眼框、眉毛以及整个眼周）附近粗略地勾选一圈。然后，需要对你所选择的边缘进行柔化（这样你所做的更改便不会太过明显），在“选择”菜单的“修改”下选择“羽化”。羽化半径的数值通常取决于你的图像的分辨率，但我通常使用5到10像素的羽化半径（图像分辨率越高，你所需要使用的数值便越高。如果使用500万像素或以上的相机，你可能需要20像素的羽化半径），然后单击“确定”。现在，按Command-C（非Mac系统的电脑：Ctrl-C）将他们的眼睛复制到记忆中（如果你需要替换的是他的整个面部表情，你需要做的也是同样的事情——只不过你需要复制的是他的整张脸，但是不要选择他的头发）。接下来，去到那张有人眼睛闭着的集体照中，其他人看起来不错，按Command-V（非Mac系统的电脑：Ctrl-V）将眼睛（或脸）粘贴到照片上。它们将以一个单独的图层出现，因此你可以使用“移动”工具（V）将睁开的眼睛拖动到闭着眼睛的图层上。让眼睛（或脸）完美替换的关键在于：当你把它们放在另一个眼睛上之后，降低这个图层的“不透明度”，这样你便可以通过看到下面那张图层中眼睛或眼眶的位置完美定位。这样它们便能完美地匹配完成（如上图所示。不要忘了在你完成之后，将“不透明度”的数值提高回100%）。

修复褪色的天空

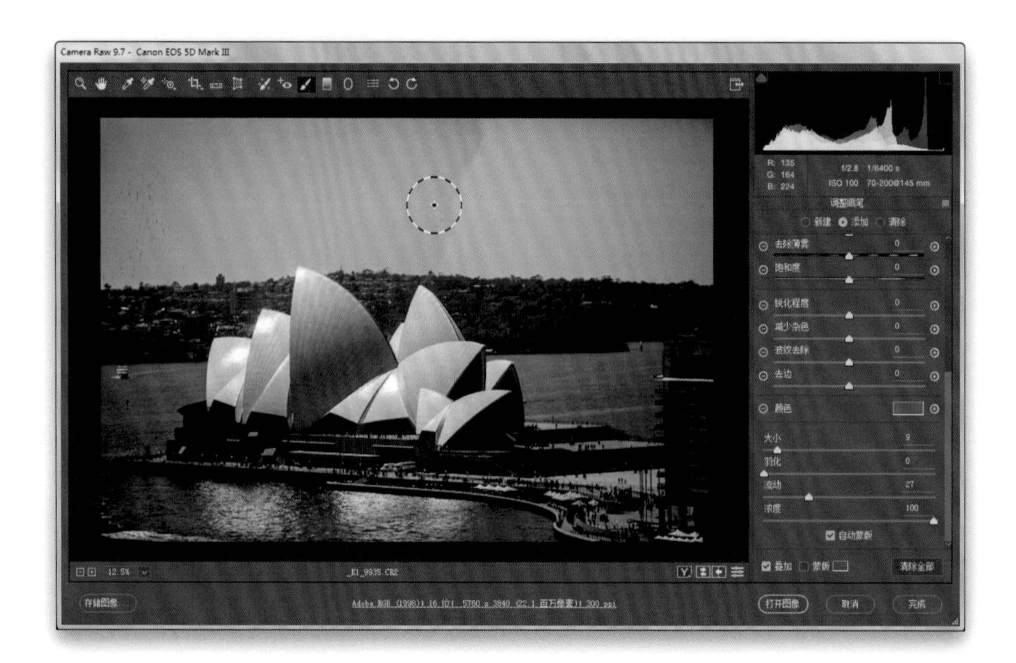

虽然Photoshop有办法解决这个问题，但是最好的效果通常都是由Camera Raw的HSL控件所打造的（我知道我一直在讲同样的话）。从“滤镜”菜单中选择“Camera Raw滤镜”（或者，理想情况是，在你使用Photoshop打开RAW格式图像之前，在Camera Raw中将图像作为8位或16位图像打开）。然后，单击直方图下方的“HSL／灰度”图标（它是左起第4个）。单击“亮度”选项卡（HSL中的“L”就是代表——亮度［Luminance］），接着只需将蓝色滑块拖动至左边，图像中阴沉的天空便会变蓝。如果你觉得这个操作所带来的蓝色不够（或者你不喜欢它所呈现出的这种蓝色），那么双击滑块将其复位为零，然后单击“基本”图标（直方图下方左起第一个图标）。将“自然饱和度”滑块拖到右边，使天空中的蓝色变得更加饱和。最后，如果图像的天空中没有蓝色，请尝试以下操作：单击工具栏中的“调整画笔”（K；它是右起第6个工具），然后在右侧的面板中，向下找到“颜色”，接着单击它右边的白框（它中间有一个X，表示没有选择颜色）。单击它，便会出现“拾色器”。选择蓝色或任何一种你想要的天空颜色（其实你最好选择一个比你想要的颜色更深的蓝色，因为你只会得到这个颜色色调而已），然后单击“确定”，将这个蓝色设置为你的所选颜色。现在，只需在图像中的天空上描绘这个蓝色（如上图所示）。完成之后，单击那个蓝色的颜色样本，便会打开“拾色器”，将“饱和度”值降至0（这将使颜色复位为“无”），然后单击“确定”。否则，这个蓝色将一直存在。

修复红眼

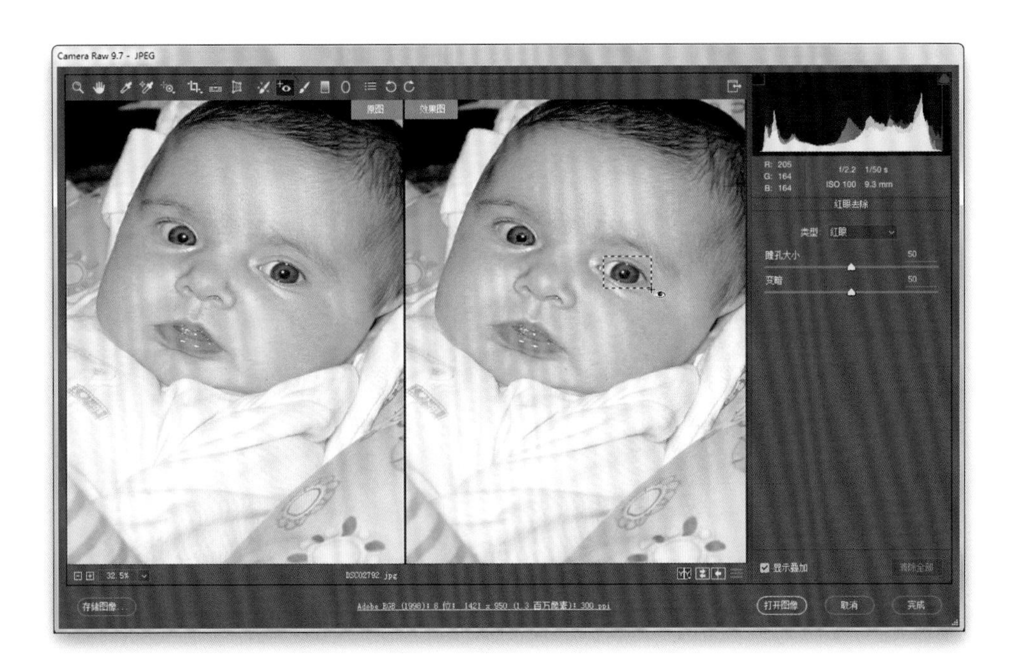

虽然Photoshop中有一个“红眼”工具，但是再说一次，我还是喜欢在Camera Raw中操作。所以，在“滤镜”菜单中选择“Camera Raw滤镜”，然后从上面的工具栏中选取“红眼去除”工具（E；它是右起第4个工具，它的图标看起来如同一个奇怪的眼睛）。现在，单击这个工具，并将其拖动至有红眼问题的整个眼睛周围，它便会在红色区域上进行选择。右边的面板中有两个控件：一个是用于选择瞳孔的大小（如果你需要使它变得更大）；另一个会让瞳孔变暗——如果默认值没有使它变得足够暗。此外，如果需要将正方形移动位置或调整其在任一眼睛上的大小，你可以单击并拖动它，或删除它，或拖动一边或角落来调整正方形选取区域的大小。差不多就是这些。此外，如果你想修复宠物眼（动物被拍摄的时候有时会流露出害怕的表情），那就从面板顶部的“类型”弹出菜单中选择“宠物眼”。

删除污点或与主题无关的东西

如果你要清除的东西只是一个污点、颗粒或类似的东西，请从“工具箱”中选取“污点修复画笔”工具（J；它的图标看起来像是一个左侧带有一个半圆的创可贴），将画笔尺寸设置得比你想要删除的污点或其他任何杂质稍大一点（使用键盘上的左、右括号键[字母P的右侧]调整画笔大小），只需单击一次，污点或其他杂质便会消失（如上图所示）。通常你都无需画出笔画——只需单击一下即可。当然，如果你想要去除的东西比较长（比如墙上的裂缝），你就需要涂画一笔。如果你想要删除某个直的东西（比如输电线），请单击输电线的一端，按住Shift键，然后单击另一端，它将在两者之间绘制出一条完美的直线，这样就能完全删除输电线。注意：“修复画笔”有两种——“污点修复画笔”和“修复画笔”。当你感觉需要选择Photoshop中的污点（样本区域）功能来修复问题区域时，那就切换至“修复画笔”工具（Shift-J）。例如，如果你需要润饰人像照片中模特的脸，那就应该选择样本皮肤工具，因为人的皮肤有许多纹路，但“污点修复画笔”无从知晓。所以，有时它所造成的效果会不忍直视。其实只需切换至常规“修复画笔”（其图标左侧没有圆圈——它就是一枚创可贴），然后在皮肤周围的干净区域按住Option键单击鼠标（非Mac系统的电脑：按住Alt键单击鼠标），这样它所采取的样本皮肤纹路会比较好。

知道什么时候应该使用仿制而不是修复

如果你想要移除的东西类似于一座岛屿——它不会触及任何其他东西的边缘，这种情况下使用“修复画笔”的工作效果最好。因为“修复画笔”在接触到物体边缘的时候，倾向于使用涂抹的方式进行擦除（这就是为什么它清除瑕疵和污点时效果非常好——瑕疵和污点就如同一座座小岛）。例如，假设你想要移除一条输电线，当“修复画笔”碰到电线杆时，它一定会将那里涂抹擦除，所以我的方法是切换至“仿制图章”工具（S），手动将一部分输电线变成天空（按住Option [非Mac系统的电脑：Alt] 键，在输电线附近的天空单击一次，然后在输电线处进行涂画，它便会将输电线上的那块天空复制到输电线处）。这个操作会在输电线的这一端造成一点点空缺。接着在输电线的另一端进行同样的操作——在输电线上造成一点点空缺，这样输电线的两端便都有一个空缺。由于我们造成了这两处空缺，所以输电线的两头都是空的。现在，你便可以使用“修复画笔”工具快速将这条输电线擦除，而不必担心任何多余的痕迹。还有一种你可能想要使用“仿制图章”工具的情况是：当你需要通过复制某个东西来覆盖某个区域的时候。例如，可能你想用一扇窗户来遮盖一座办公楼的墙壁的某处，从而进行修复，那么你便可以按住Option键（非Mac系统的电脑：Alt键）同时单击鼠标，对窗户进行采样，然后将鼠标指针移动到需要对那个窗户进行修复的位置开始涂画（在要修复或用窗口隐藏的区域上），它便会绘制出一扇窗户。“仿制图章”工具非常适用于需要复制某种图案或某个东西的情况，比如在一块棕色的区域绘制出一片青葱的草地，或在一个秃头的地方绘制出头发（我永远不需要这样做，永远不会。不是我，绝不是我）。“修复画笔”是为了擦除某个东西。

减少杂色

如果你的照片是以RAW格式拍摄的，那么减少杂色的最佳途径一定是在图像还在Camera Raw的时候进行处理（此时的图像仍然是一幅RAW格式图像，而不是将Camera Raw作为滤镜来处理的8位或16位的常规Photoshop图像）。所以，单击直方图下的“细节”图标（它是左起第三个）。“减少杂色”区域的滑块可以消除两种类型的杂色：亮度杂色（污点和颗粒）和颜色杂色（红色、绿色和蓝色的颗粒）。目标是尽可能少地使用这些，因为减少杂色的工作原理是通过轻微（或大量）模糊你的图像来隐藏杂色。所以，将图片放大一点，你便可以看到那些杂色，然后将“亮度”或“颜色”滑块向右拖动，直到杂色减少到能让你晚上安心睡觉为止（因为这时你已经非常明白，现在这个世界上唯一还在意你图像中的杂色的人只有其他摄影师了）。如果在增加亮度、杂色减少之后，图像中的某些细节或对比度丢失，那么可以向右拖动“细节”或“对比度”滑块，在一定程度上帮助恢复它们。但是，如果你需要使用“细节”或“对比度”滑块，请注意，你可能是把“亮度”或“颜色”滑块拖得过远。只是告诉你一声。同样，如果杂色只出现在一个区域，请尝试以下操作：选取“调整画笔”（K），在“减少杂色”滑块右侧的“+”（加号）按钮上单击两次（将其设置为+50，并将所有其他滑块复位为0），然后在这一区域绘画。这样，你就不会为了解决一个区域的问题而让整个图像都变得略微模糊（更多详情，请参见第4章）。

删除大一些的东西

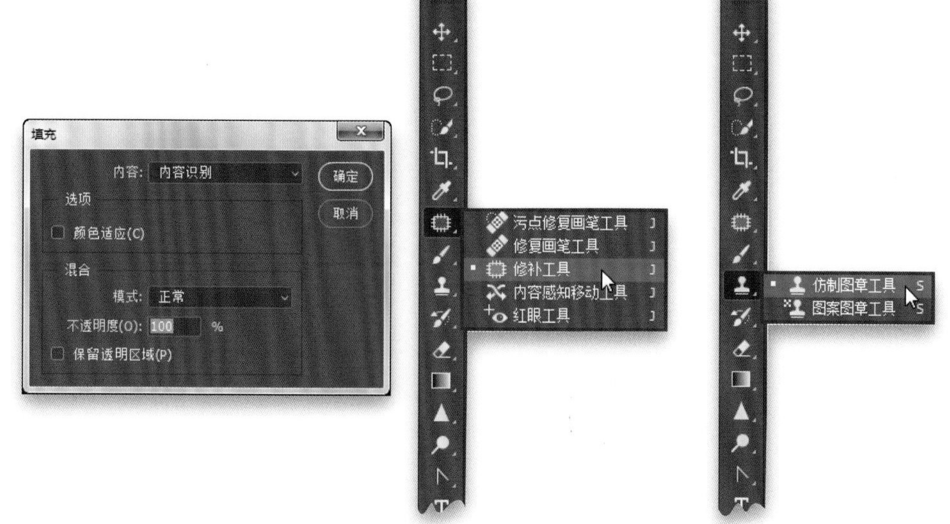

如果你需要从图像中删除的东西比污点大很多（比如一个标志），有一个到两个工具可以解决这个问题。首先，尝试“内容识别缩放”工具，看看效果如何：选取“套索”工具（L），在你想要删除的东西周围进行选取（选取区域要比需要删除的对象稍大一点——大致在其周围围绕，而不是紧紧贴合它的边缘），然后在“编辑”菜单下选择“填充”。在“填充”对话框（如上方左图所示）中，从“内容”弹出菜单中选择“内容识别缩放”，然后单击“确定”。如果修复的效果不理想，请将其撤销（Command-Z [非 Mac 系统的电脑：Ctrl-Z]），然后尝试以下操作：从“工具箱”获取“修补”工具（按 Shift-J，逐个浏览并寻找到它；它嵌套于“修复画笔”之中 [如上方中间图所示]，其图标形如一个补丁）。它的工作原理与“套索”工具类似，因此使用“修补”工具在你想要删除的东西外部绘制一个类似套索的选取区域。然后，使用“修补”工具，在刚刚选取的区域内部单击，并将其拖动到附近一个干净的区域。松开鼠标按键，它便会删除这个选取区域中的对象（补充一句，这个方法通常取得的效果都相当好）。使用这个工具能否成功取决于你将选取区域所拖到的位置。如果你所选择的是一个干净的、具有相似纹理的附近区域，那么它一定会取得很好的效果。如果你找不到一个那么大的干净区域，那么结果可能……嗯……有点糟糕。在这种情况下，你必须进行“老派”操作，选取“仿制图章”工具（S；如上方右图所示），并手动克隆它附近的东西（按住 Option，同时用鼠标单击 [非 Mac 系统的电脑：按住 Alt 键，同时用鼠标单击] 附近的一片干净的区域，然后开始在要删除的东西上绘制，这个干净的区域便会覆盖住要删除的区域）。这个方法所需要的时间更长一些，所需要注意的事情更多一些，但如果你足够耐心，并且使用一个小尺寸的画笔，那么便没有什么你不能删除的——只是需要时间而已。

遮住我不想看到的东西

当然，这取决于你想要遮盖的是什么。不过，我将介绍几种遮盖的方法。一个是使用“仿制图章”工具（S）来制作某个区域的副本，从而来覆盖你不想看见的东西。你可以在一个干净的附近区域中按住Option键（非Mac系统的电脑：按住Alt键）单击鼠标，来对这一区域进行采样，然后在你想要删除的区域上进行涂画，采样区域便会覆盖住你不想看见的区域。另一种方法是选择一幅图像并使用它来覆盖你不想看见的区域。例如，如果你想遮住墙上的一盏壁灯，你可以在一个比壁灯大一点的附近墙壁上使用“套索”或“矩形”工具进行选择（如上图所示；我总是说“附近”，但你需要选择一个光照和纹理都与之类似的区域）。然后，在“选择”菜单的“修改”下选择“羽化”。输入10个像素来柔化所选区域的边缘（使边缘与周围的环境更好地融为一体），然后按Command-J（非Mac系统的电脑：Ctrl-J）将选定区域的副本放在当前图层上。现在，选取“移动”工具（V），并将这一副本对准壁灯。由于副本中墙壁的面积大于壁灯的面积，壁灯得以完美覆盖（如上图中插图所示）。羽化会帮助副本的边缘与周围的环境更好地融为一体，但如果副本的边缘仍然非常明显，请尝试以下操作：单击“图层”面板底部的“添加图层蒙版”图标，选取“画笔”工具（B），然后从“选项栏”中的“画笔选择器”中选择软边画笔，在副本的明显边缘处用黑色涂画，直到边缘消失，与图像的其余部分完美融合。

第9章

如何打印出精美的照片

制作教程

图像什么时候才会变得真实？这个问题思考起来实际上比它听起来要深奥得多。我们的图像被困在一层玻璃之后。我们无法触碰它们。我们无法与之相拥。我们只能眼睁睁地看着它们被困于我们的电脑屏幕之后，所以，即使我们知道它们是确切存在的，但也感受不到它们的真实温度。因为它们并不是实体。目前为止还不是。若要使你的图像变得真实，你必须将它打印出来。当你把图像打印出来之后，你便可以触摸到它，可以真真切切地感受到它的存在。这一刻你便会觉得它是真的。而当某个东西变得真实之后，它便会开始向你提出一些要求，比如奖金、到了睡觉时间却想要熬夜、晚上10点之后还想吃馅饼（这在我们家是绝对禁止的，不过我一直认为这是一条残酷且专制的规定）。无论如何，当你将图像打印出来，让它变得真实鲜活之后，你无疑会产生某种类似“弗兰肯斯坦博士情结”【“弗兰肯斯坦情结”（Frankenstein Complex）】源于维克多•弗兰肯斯坦（Victor Frankenstein）的小说《弗兰肯斯坦》（Frankenstein），或1818年左右出版的玛丽•雪莱（Mary Shelley）的《现代普罗米修斯》（The Modern Prometheus）。在雪莱的故事中，弗兰肯斯坦创造了一个头脑聪明的类似超人的存在。他发现他所创作的这个人设非常可怕，于是他放弃了这个创作。这最终导致维克多的生命终结于他自己与他那苦难的创作之间的情仇结束时分。——译注）。不久之后，举着火炬和干草叉的村民便会出现于你的摄影工作室之外，因为，老实说，故事通常都是这么发展下去的，这不是你或我或玛丽•雪莱的魂魄所能阻止的。你最好直接给那些村民他们想要的东西，通常都是自由进入应用程序的权力或几袋果汁。仅此而已。你给他们之后，他们便会前往下一个工作室。言归正传，这一章是关于如何打印出精美的照片（你可能已经从标题——如何打印出精美的照片——中获得了这一信息），但我认为在这里有必要重复一遍，因为我还没写到这一页纸的底部呢，所以，如果我能再憋出几个字的话……好了。任务完成。

选择我的纸张尺寸

按Command-P（非Mac系统的电脑：Ctrl-P）打开“Photoshop打印设置”对话框。在“打印机设置”区域（位于右上角），你将看到一个弹出菜单，你可以在其中选择要使用的打印机，然后在其下方（在可以选择打印多少份的字段右侧）单击“打印设置”按钮。你的“打印”（非Mac系统的电脑：“打印机属性”）对话框（如上方右下图所示）将被打开，你可以从“纸张大小”弹出菜单中选择大小。（注意：我使用的是佳能打印机连接的一个Mac电脑，但如果你的打印机品牌和我不同，或是使用的非Mac系统的电脑，对话框里也会出现相同的基本功能，只是可能布局略有不同，或是名称略微相异。）你只在这里选择纸张的大小，而不需要在此选择宽或高。然后单击“保存”（非Mac系统的电脑：“确定”）。这样将返回到你最开始的那个“Photoshop打印设置”对话框。现在，你可以通过单击“布局”右侧的那些小图标（图标上有一个小人位于竖页面或横页面上）选择你的方向（横构图或竖构图）。单击你想要的，你的方向便会根据你所选择的页面尺寸设置完毕（当你在进行这些选择时，你将会在更新的对话框左侧看到打印预览，你可以查看设置是否正确）。

设置页面边距

若要设置可打印区域，请按Command-P（非Mac系统的电脑：Ctrl-P）打开“Photoshop打印设置”对话框，然后单击“打印机设置”按钮，打开“操作系统打印”（非Mac系统的电脑：“打印机属性”）对话框。（注意：我使用的是佳能打印机连接的Mac电脑，但如果你的打印机品牌和我不同，或是使用的非Mac系统的电脑，对话框里也会出现相同的基本功能，只是可能布局略有不同，或是名称略微相异。）从弹出菜单中选择你的纸张大小，选择“管理自定义大小”（非Mac系统的电脑：“用户自定义”）。一个对话框将会打开，你可以在其中输入边距，甚至自定义纸张大小。但是，在你进行任何操作之前，请单击左下角附近那个小小的“+”（加号）按钮，这样你便可以保存你准备做的更改（你即将创建自定义页面尺寸和布局，这个至关重要）。它将基于这个新的自定义大小和布局作为你最后选择的纸张大小。所以，如果你选择的是标准的8.5英寸 × 11英寸的信纸大小，那么它便会在这个对话框中为你输入这个数值。当然，你可以通过在顶部的“纸张大小”字段中输入不同的大小进行更改。无论如何，当你的纸张大小正确之后（正如我所说的，它可能已经是正确的了），只需输入你想要的自定义页面边距即可。当你完成这些操作之后，千万不要单击“确定”。首先，到对话框左侧的自定义页面列表中，直接双击列表中的最后一个（或列表中的唯一一个）选项，将名称从“无标题”更改为一个更具描述性的短语（例如“边距为0.25的信纸”），然后单击“确定”。现在，它便被保存为自定义预设大小，你可以随时从“纸张大小”弹出菜单中选择这个预设。非常方便，对吧？

锐化打印效果

对需要打印的图像进行锐化的真正秘诀是，使用“USM”滤镜或“智能锐化”滤镜来锐化需要打印的图像（“智能锐化”中的锐化算法实际上更好一些，但是出于某种原因，从Photoshop 1.0版本开始，人们就一直喜欢使用旧的“USM”滤镜。几乎没有人使用“智能锐化”，即使大多数Photoshop用户都认为它其实更好一些）。其实，当你在屏幕上觉得图像的锐化程度已经非常合适了的时候，它只是对于屏幕观看而言足够好——但对于打印效果却远远不够。图像在从电脑屏幕转化成油墨和凹凸不平带有气孔的纸张的过程中，会失去很多锐度，所以你需要对它进行过度锐化。当它在纸张上呈现时，才会是你想要的模样。我是这样操作的：如果我使用的是“USM”滤镜或“智能锐化”滤镜（两者都位于“滤镜”菜单下的“锐化”中），我会将“数值”滑块向右拖动，直到我觉得有一点太过了，图像在屏幕上开始显得有些凹凸不平。我仍然不会退缩，我会停在那里，直到我确定这对于屏幕效果来说太过锐利，但对于打印效果来说刚刚好。等你这样操作几次之后，你便会了解你到底应该将“数值”滑块向右推进多少才能让锐度刚好适合打印效果。在你操作打印锐化之前，你可能需要先复制图像（在“图像”菜单下选择“复制”），然后再进行锐化。在保存图像时，在图像文件名末尾加上“打印”字样。这样，你便会知道这是你为了打印效果而过度锐化的副本，你仍然保存有适合屏幕效果的原始锐化图像。

从我的打印机中获取最佳效果

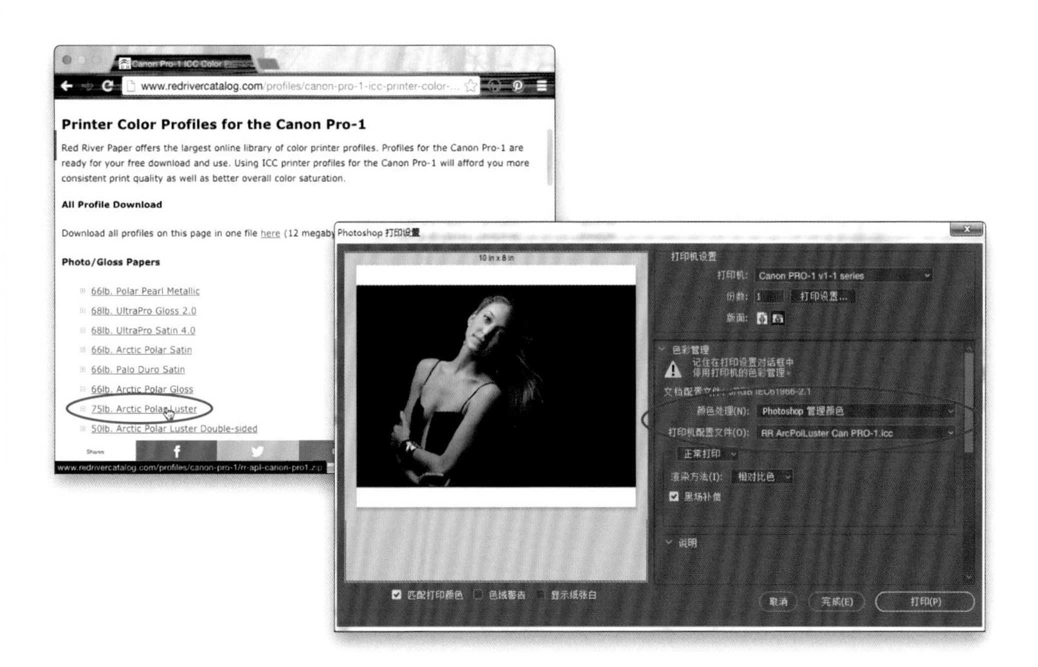

若要获得最佳效果，你需要为你将使用的打印机（制造商和型号）找到并安装ICC打印机颜色配置文件，以及要打印的具体纸张类型。幸运的是，纸张制造商可以免费提供这些颜色的配置文件。你只需要访问他们的网站，下载配置文件，安装在Photoshop中（非常简单），在打印的时候选择配置文件。这样所产生的效果会更好，因为现在所有一切设置都已与你所使用的打印机和纸张完全吻合。具体操作如下：进入你所购买的纸业公司的网站，搜索“颜色配置文件”，然后你便会进入他们的颜色配置文件下载页面（比如RedRiverPaper，他们会将你带到配置文件定位器，你可以从那里的一些弹出菜单中选择你的打印机品牌和型号，并根据适合你的打印机的纸张类型列出免费颜色配置文件列表。不过基本上所有网站都大同小异）。我在这里单击的是“75lb. Arctic Polar Lustre”纸张，并将它下载了下来（下载至一个包含配置文件和说明的文件夹中。文件夹中还包含一个链接，它会告诉你如何在Mac OS X或Windows中安装配置文件；还有一个视频来告诉你准确的安装位置。安装这些配置文件完全不需要你来思考，你只需要知道确切的安装位置。这就是他们给你提供这些视频的原因）。安装完成之后，你便可以在“Photoshop打印设置”对话框中选择此ICC颜色配置文件（按Command-P [非Mac系统的电脑：Ctrl-P]）：在“颜色管理”下的“颜色处理”弹出菜单中选择“Photoshop管理颜色”，然后从“打印机配置文件”弹出菜单中选择配置文件，就完成啦。

让打印出来的图表看起来与在屏幕上的效果一样明亮

由于我们的电脑屏幕背光，而纸张并不背光，所以打印出来的图像通常会比在屏幕上看起来要暗一些。不过，当然了，我们为了让它在屏幕上看起来足够明亮而付出了不懈的努力。所以，想要打造不错的亮度效果，请进行如下操作：按Command-J（非Mac系统的电脑：Ctrl-J）复制“背景”图层，然后在“图层”面板的顶部，将这个新图层的混合模式从“正常”更改为“屏幕”，就会使得打印的整体效果更加明亮（实际上有些太过明亮）。接下来，将此屏幕图层的“不透明度”降低到20%，然后试着打印一张，检测一下屏幕亮度是否正确。如果打印出来的效果仍然太暗，请尝试将“不透明度”设置为25%，再试着打印一张。可能总共需要尝试好几次才会获得理想的效果，每一次尝试都需要调整不透明度来改善亮度。但为了能够得知完美屏幕效果的亮度与打印效果的亮度，这一切辛苦都是值得的。

Ps 提示：如果你的颜色一直不对劲，请对你的显示屏进行校准

得到适合的亮度其实非常容易（刚才你已经学到了），但要让颜色完全精准，则需要购买一个与硬件相匹配的屏幕校准器。它能测量你的屏幕信息，从而构建一个自定义配置文件，以匹配你的打印机。如果你的颜色非常不准确，可能因为你的屏幕配置文件处于关闭状态，唯一的解决方式是赶紧买一个硬件校准器。这个开销不会太大（可以试试Datacolor Spyder5EXPRESS，或X-Rite ColorMunki Smile）。

在打印之前查看校样

你可以通过创建一个软校样，使用特定的颜色配置文件来合理预览打印图像的模样。软校样是你在打印之前可以看到的屏幕预览，这样你就不会浪费一大堆墨水和纸张。你可以在“视图”菜单下的“校样设置”下选择“自定”来创建一个软校样。“自定条件校样”对话框将被打开，你可以在此处选择想要模拟的设备（你想要使用从造纸厂官网下载的ICC彩色打印机配置文件来模拟你的打印机的打印效果［如上图所示］——请参见本书关于如何查找和安装ICC彩色打印机配置文件的具体内容）。接下来，选择“调整颜色”（我总是选择“相对色度”，因为它似乎能提供最好的结果），保持“黑场补偿”复选框处于打开状态（默认情况下它应该就是打开状态），然后打开“模拟纸张颜色”复选框。单击“确定”。你现在便会看到一张有点儿恶心的灰色的预览图。如果它的实际效果真的如此，那么应该没有人会打印任何东西。但幸运的是，这个预览有些过度补偿，你的实际打印效果并不会看起来这么可怕。所以，你现在看到的效果对于某个地方的某些人可能比较有用，反正我自己一直都不觉得它有任何作用，我从来都不会使用它（嘿，你是想听实话还是想让我假装这个效果挺好？当然，有些人极其信赖软校样，但我一定会讨厌他们打印出来的图像（只是开个玩笑。这是一个笑话。嗯嗯）。无论如何，至少你现在知道了应该如何使用它，我希望你能比我觉得它更有用。

在页面上调整图片尺寸

你可以在“Photoshop打印设置”对话框中调整图像大小，方法是在预览窗口中抓取图像周围的角手柄，然后只需将其拖放到所需的尺寸即可。虽然具体操作方法如刚才所说的那样，但我只有在想要使图像大小变小一些的时候才会这样操作（这会增加图像的分辨率，让图像变得更精致）。如果想要让图像大小变大，我永远不会采取这个操作方式，因为只单击并拖动图像使其更大，会让图像柔化、模糊、像素化。如果你想要让图片在页面上占据更大的尺寸，在你到达这个对话框这一步之前就应该把图像变得更大。我推荐的操作方法如下：在“图像”菜单下，选择“图像大小”。当“图像大小”对话框出现时，首先单击对话框的右下角并将其拖出，这样一来，左侧的预览窗口便会非常大（你将需要清楚地查看效果）。现在，打开“重新采样”复选框（如果尚未打开），然后从右侧的弹出菜单中选择“保留详细信息（放大）”。这个选项所使用的是最新的计算方式，能够让你增加图像的尺寸，同时不会使它像单击拖动使之变大的方式那样变得模糊或像素化。接下来，到“宽度”和“高度”字段，输入大于你所需数值的数字，或者像我通常那样，从右边的弹出菜单中选择百分比。然后，你可以输入放大百分比，例如100、200，但我不会选择高于300%（如果你想要在放大百分比高于300%时还能保持质量完好，那么你需要专门的软件实现这一效果）。这会让你的图像放大打印效果更好。

在图片周围添加描边边框

你需要在“Photoshop打印设置”对话框之外执行此操作。如果你已打开了这个对话框，请单击“取消”按钮。现在，可以通过几种不同的方法实现这一效果：如果你要添加描边边框的图像单独位于一个图层之上，则可以单击“图层”面板底部的“添加图层样式”图标，并选择“描边”。当“图层样式”对话框出现时（见左上图），便可以设置描边的“尺寸”和“颜色”。我建议将“位置”设置为“内部”，这样你的描边便能美观而又清晰。单击“确定”，然后这一图层便会围绕你的图片放置一个描边边框。你可以使用的另一种方法是，如果你的图像单独位于一个图层之上，那么请到“图层”面板，按住Command（非Mac系统的电脑：Ctrl）键，直接单击图层的缩略图，你的图像周围便会出现一个选取框。然后，在“编辑”菜单下选择“描边”。当出现“描边”对话框时（如上方右图所示），选择所需的粗细及颜色。我建议将描边位置设置为“居中”，然后单击“确定”，将描边应用于此图层上的图像上。然后按Command-D（非Mac系统的电脑：Ctrl-D）取消选择。如果你的图像没有单独位于一个图层之上（它与“背景”图层融为一体），那么请从“工具箱”中获取“矩形选框”工具（M），然后在其周围拖出一个选择框，接下来只需按照上述第二种方法操作即可。

创建一个精美的打印边框

创建精美的打印边框的诀窍只是将你的图像放在页面的时候，它的周围还留有很充足的空白。我是这样操作的：首先，按照你的尺寸和分辨率需求创建一个空白文档。举个例子，我们现在创建一个13英寸宽、19英寸高的打印图像。那么，请按Command-N（非Mac系统的电脑：Ctrl-N）创建一个这个尺寸的新文档。而为了打印效果，我使用的是240像素/英寸的分辨率。接着，打开需要打印的图像，按Command-A（非Mac系统的电脑：Ctrl-A）选择它，按Command-C（非Mac系统的电脑：Ctrl-C）将其复制。返回到新文档，按Command-V（非Mac系统的电脑：Ctrl-V）将图像粘贴到13英寸×19英寸的文档中。图像将会显示于“背景”图层上方的一个单独的图层之上。现在，选取“移动”工具（V）将其定位，这样在图像顶部、底部、左侧和右侧便都出现了一个边框。若要获得所需的大小，按Command-T（非Mac系统的电脑：Ctrl-T）调出“自由变换”，然后按住Shift键（保持比例），单击其中一个角点，并向内拖动以缩小尺寸，直到图像的每一侧都有相等量的空间，并且图像下方有更多的空间。若要让图像下方能有空白空间，你可能需要将图像缩小20%或30%，但若要让海报效果精美，你需要在底部留下很多空间。如果你真的想要强调外观，其实在一个竖文档上方的三分之一处打印一幅横构图的图像（我自己也已经这样操作过很多次）也是很常见的。如果你想在你的图像下面添加一些文字，这种大气简约的画廊风格的留白为你提供了足够的空间（关于这个效果，更多详情请参见下一页）。

在打印布局中添加徽标

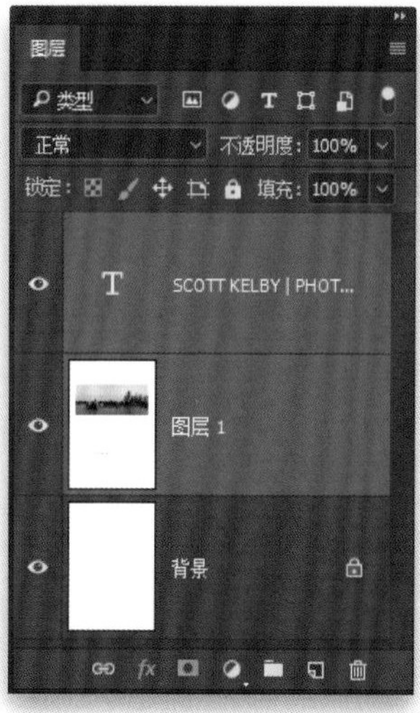

将徽标添加到打印件中与打开徽标一样简单，只需按Command-A（非Mac系统的电脑：Ctrl-A）全选，然后将其复制并粘贴到你想要显示的图片上即可。当它出现在那个文档中的时候，它便会显示在一个单独的图层之上。你可以使用“移动”工具（V）在页面上将其重新定位，并可以使用“自由变换”工具（按Command-T［非Mac系统的电脑：Ctrl-T］）调整其尺寸。只要确保在你调整它的尺寸时按住Shift键，它便会保持成比例缩放。

选择打印分辨率

按Command-Shift-I（非Mac系统的电脑：Ctrl-Shift-I），然后在“图像大小”对话框的“分辨率”字段中选择图像的打印分辨率。如果你拍摄图像所使用的是当今的数码相机，甚至是现代智能手机，那么你想要打印一幅很大尺寸的图像，分辨率方面应该没有任何问题，你完全不需要进行任何操作（你至少可以打印16英寸 × 20英寸的尺寸。哎哟，我使用iPhone所拍摄的图像所打印的尺寸都比这个尺寸更大）。好，话虽如此，但我们通常所追求的照片打印分辨率——一台典型的彩色喷墨打印机——是240像素/英寸。现在，如果你打开“图像大小”对话框，很可能在“分辨率”字段中将看到“72像素/英寸”，你可能会认为这个分辨率不足以打印出一个满意的尺寸效果。但是，若要实际来看看你可以打印多大的图像，请关闭对话框底部附近的“重新取样”复选框，然后在“分辨率”字段中输入240。查看你的高度和宽度——现在显示的是以“240像素 / 英寸”这个分辨率来打印图像的最大的原始尺寸（顺便说一句，你刚才做的更改并不会影响图像的质量）。如果你使用我在“调整图片尺寸”中所介绍的那些技巧，其实你可以打印出更大的尺寸效果。但是这个方法能够让你明白，在你不需进行任何Photoshop杂技的情况下你可以打印出的最小原始大小。

让我的打印机处理一切

如果你不想亲自设置全部的打印颜色管理，这是可以实现的——你可以让Photoshop告诉你的打印机来接管所有的颜色管理职责。现在你不必担心颜色配置文件或纸张配置文件，或除了选择纸张尺寸和方向以外的任何事情。只需按Command-P（非Mac系统的电脑：Ctrl-P）打开“Photoshop打印设置”对话框，然后从“颜色处理”弹出菜单（在“颜色管理”区域）中选择“打印机管理颜色”，然后你就可以“袖手旁观”了。（注意：选择此项后，你可能需要单击打印机设置部分中的“打印设置”按钮，并确保打印机的颜色管理处于打开状态。）现在，我会这样说：几年前，我永远不会告诉你去让打印机自己管理颜色——永远不会——但现如今的打印机技术已经发展得非常先进，当你选择“打印机管理颜色”之后，它们的管理结果一般都不会太糟糕。其实我知道，现在许多专家都在使用这个方法，并能获得完全满意的结果。现在你应该明白了，在过去几年，打印技术的发展是多么的突飞猛进。

第10章

如何剪辑视频

Photoshop剪辑视频的效果比你想象的更好

也许你现在想的是："什么？Photoshop还可以剪辑视频？！"好吧，其实它不仅可以剪辑视频，它的效果还真的相当不错。从摄影师的角度来看，它刚好完成了我们需要它完成的任务——它把视频片段和静物置于同一个时间轴上。我们可以随心所欲地添加背景音乐，甚至某种声音。我们可以使用简单片段之间的过渡。它对于很多种视频来说都是一个绝佳工具，诸如简短的婚礼视频、你工作室的广告视频，甚至面向某位客人的30秒或60秒的商业广告。但它不适合制作正儿八经的电影。虽然2015年好莱坞叫座片《间谍桥》（Bridge of Spies）（柯特妮•考克斯［Courteney Cox］和凯洛特•拓普［Carrot Top］主演）全部剪辑使用的都是其他昂贵的软件，但他们肯定也可以选择使用Photoshop来剪辑电影。当然，如果他们选择使用Photoshop来剪辑电影的话，这部电影就不会被提名为"奥斯卡最佳影片奖"（2015年），因为它应该在2015年的时候还没有上映——Photoshop非常适合编辑短视频，但你想要用它来剪辑一部主流电影（甚至是《热浴盆时光机2》［HotTubTime Machine］）的话，你会在刚刚打开标题序列的时候就自杀，因为……好吧……它真的不适合剪辑电影。我想，从技术上讲，你可以先制作一堆电影短片，让它们作为一个个单独的文档而存在，然后再以某种方式试着将它们复制、粘贴在一起。但是，《间谍桥》的导演是史蒂文•斯皮尔伯格（Steven Spielberg）。我有一种感觉，在他看着你一路跌跌撞撞地试图使用Photoshop完成整部电影的剪辑工作之后，他不仅会炒了你的鱿鱼，甚至会让你的家人全部同时丢了饭碗。不久之后，你就会回去编辑婚礼短片，只为养家糊口。所以你干嘛不省省心，为了让大家都能安居乐业，就让斯皮尔伯格使用他喜欢的视频剪辑程序呢？你瞧，也没那么难。不是吗？

用Photoshop打开一个视频片段

使用Photoshop打开一个视频片段与添加多个视频片段的方法稍有不同。幸运的是，在Photoshop中打开第一个视频片段的方式与打开其他任何一个文件一样：从“文件”菜单中选择“打开”，然后选择要打开的视频片段，单击“打开”按钮，这个视频片段便会直接进入Photoshop。当你打开一个视频片段时，它会自动打开屏幕底部的“时间轴”面板（这差不多相当于Photoshop中视频编辑的命令总部）。你会发现你的视频片段出现在面板的右侧（电影就是由一个一个从左至右的片段组合而成的，所以要将第一个播放的视频片段位于最左，然后当你再添加一个片段，它就会位于之前那个片段的右侧，它会在接下来进行播放，以此类推）。若要添加第二个片段（以及你希望添加到这个影片中的任何其他片段），请单击并按住位于面板中第一个视频片段左侧的小电影胶片图标，然后从出现的弹出菜单中选择“添加媒体”。选择你希望在影片中显示的下一个视频片段，单击“打开”按钮，现这个片段便会出现在第一个视频片段之后。如果想要浏览你现在所合成的这个非常短的影片，请单击键盘上的“空格”键，它便会开始播放（你会看到一个小小的播放头和视频进度条——就是那条红色的小竖线——它会随着影片的播放而移动）。它将播完第一个片段，然后播放第二个片段，以此类推。（注意：如果按下“空格”键仍然不能启动影片，请单击时间轴面板右上角的一条小线图标，然后从弹出菜单中选择“启用快捷键”来打开面板的快捷方式。）

任意跳至影片的某个时间点

在“时间轴”面板的左上角，你将看到用于浏览影片的标准图标（倒带[转到第一帧]、倒带[转到上一帧]、播放，以及快进[转到下一帧]）。在这些控件的右侧，有一个扬声器图标，用于开启影片的声音或静音（这刚刚赢得了本周的“最佳废话”奖，我知道）。随着你添加越来越多的视频片段，它们会按照你的添加顺序自动显示在时间轴中。不久之后，你的时间轴便会超过右边的尽头，你就需要向后退回一点。你可以使用第一个片段正下方的小滑块（见上图圆圈所示；它的左边有几座山，右边有几座大一些的山）来控制时间轴的尺寸。试着来回拖动这个滑块，你就会立即明白它的作用。如果你现在单击播放，你便会看到播放头和竖着的进度条指示线（亦如上图圆圈所示）随着影片的播放沿着时间线移动。这个播放头所在的位置也就是你的影片所播放到的位置（这就像你在观看付费电影时屏幕底部会出现的那个小小的信息栏）。好处在于，你可以手动单击并将这个播放头拖动到你想要的影片中的任何位置（你将会经常进行这一操作）。所以，当你想看影片中某个片段的时候，你就可以将播放头拖动到你想看的片段，然后你可以单击播放图标，它便会从那里开始播放。你也可以“按住它”，手动将播放头以任何你想要的速度拖动。

让某个视频片段变成慢动作

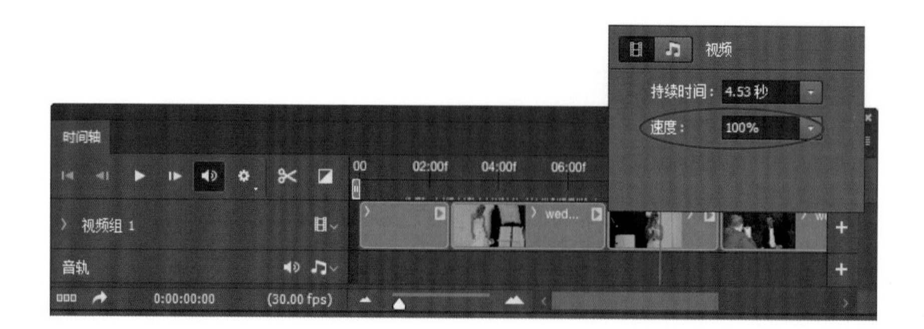

在时间轴中每个片段的右侧，你将看到一个右向三角形。单击其中一个三角形，它就会打开一个设置对话框，你可以在其中输入这个片段的速度。如果你想让它变成慢动作效果，就使用低于100%的数值；如果你想加快片段的播放速度，就使用高于100%的数值（如果你想要让你影片中的人从一个地方走到另一个地方，那么加快播放速度则是一个非常理想的选择）。

修剪片段的开头或结尾

将鼠标指针直接移动到时间轴上任意一个片段的左边缘或右边缘，你会发现它变成了一个——最好这样描述——“中间有一个双头箭头的大写E”。当你看到它的时候，单击它，然后朝着你想要修剪片段的方向拖动。好消息是，只要你开始拖动，一个小预览窗口便会在屏幕上弹出，这样你就可以看到你正在编辑的内容。这样的话，如果片段的开头有一些东西你不想让它出现在影片当中（比如可能在影片的开头拍摄到了你打开三脚架上的摄像机、走到拍摄地点的这个过程），只需单击视频片段的左边缘，向右拖动，直到越过这个部分。当你松开鼠标按钮时，这一部分就被隐藏了起来。注意：如果由于某种原因，你又决定需要那部分被修剪掉的片段，只需单击那个边缘，将其向左拖出，它便会重新出现。修剪片段的结尾的方法相同——单击其右边缘，开始向左拖动，在你拖动过程中会弹出一个预览窗口。当你不想看到的部分不再可见，就可以停止拖动了。就这么简单。

为这些视频片段排序

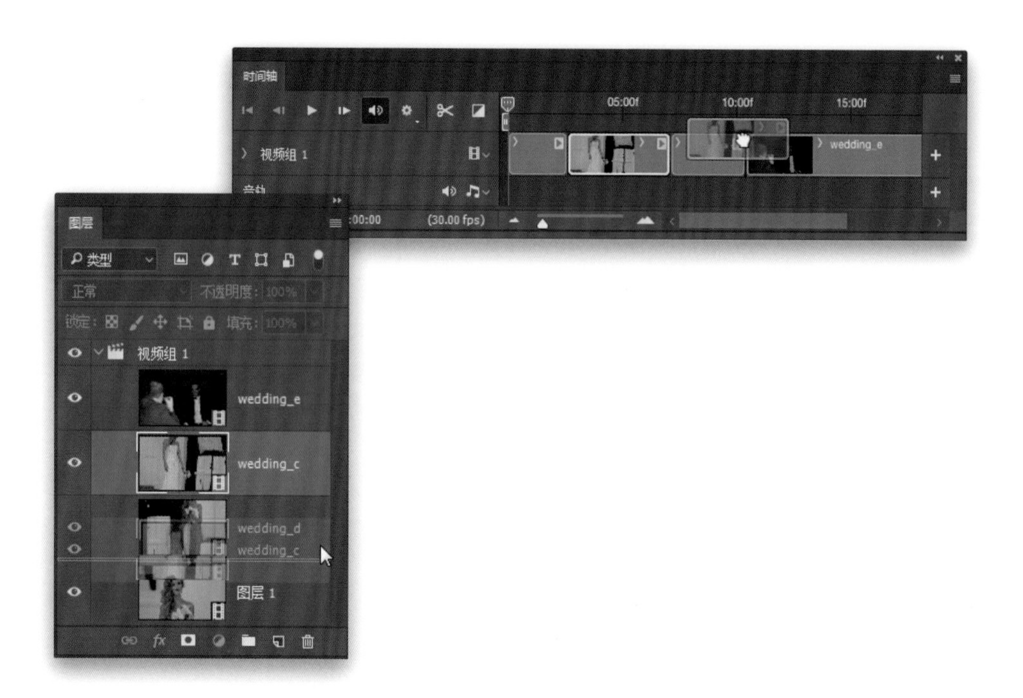

使用拖放就可以解决这个问题：你可以单击时间轴上的任何一个片段，可以将其拖动至它之前或之后的任何其他片段（如上方顶部那张图所示），但这有时也会有点儿棘手——特别是当你拖动一些非常短的片段的时候。这就是为什么我建议你在Photoshop的常规图层面板中进行这种拖放操作（如上方靠下那张图所示）。没错，这些片段都位于“图层”面板中，就像制作多层文档一样。这些片段的顺序和普通图片的顺序是一样的——位于这堆图层最底部的片段便是出现在你的视频中的第一个片段，而位于它之上的片段则是下一个片段，以此类推——在这里改变顺序就易如反掌了。当然，你可以使用任何一种你喜欢的方法——它们的效果都很好——但我觉得这两种方法你都应该掌握，这样你便可以使用你觉得最方便的那一种。此外，我向你灌输视频片段像图层面板一样被堆叠起来的想法是为本章后面的另一种播放方式做铺垫，所以现在弄清楚这个道理是一件好事。

在影片中添加照片

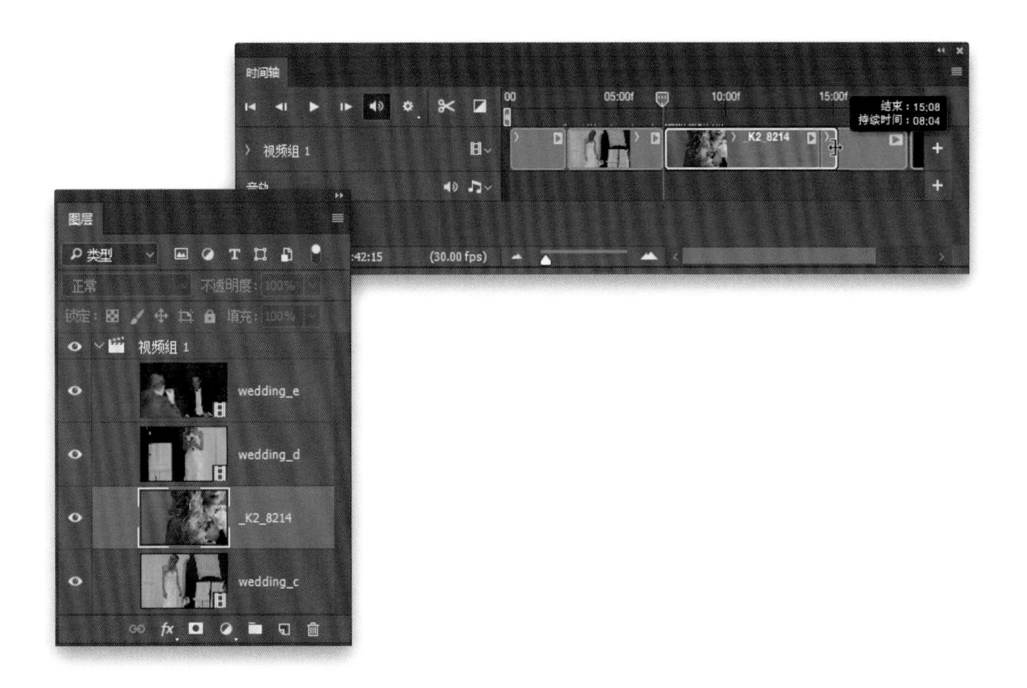

添加照片的方式与添加其他视频片段的方式相同：单击并按住时间轴中第一个片段左侧的小电影胶片图标，然后从出现的弹出菜单中选择“添加媒体”。现在，只需选择照片，单击打开，照片便自动插入时间轴的末端。然后，你可以将它拖放至时间轴上任何你希望它出现的位置。你可能想使用简单一点的方式来操作——只需将其拖放到“图层”面板中。现在，当你的照片出现在影片中时，默认情况下，它所显示的时间十分短暂，但你可以单击并拖动时间轴中代表这张照片的紫色夹片的右边缘。这样一来，你想让它在屏幕上停留多久，它便能停留多久（视频夹片在时间轴中显示为蓝色，照片夹片显示为紫色。颜色的区分只是帮助你更清楚地观察它们的位置）。只要你想让它运行，只需拖动它的右边缘即可（在你拖动的过程中，出现的弹出窗口将会显示持续时间；如上方顶部那张图所示）。

添加片段之间的过渡

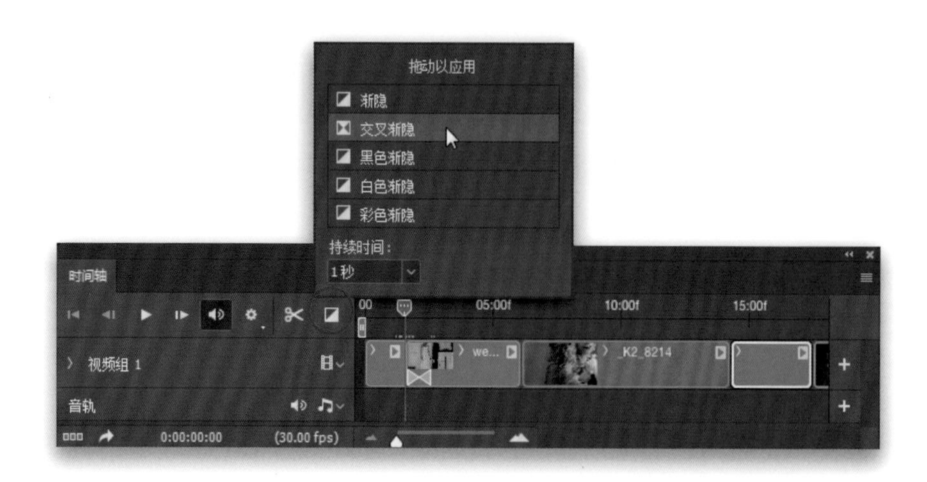

“过渡”图标位于“时间轴”面板（位于第一个视频片段左侧，我们可以单击它，从而打开更多视频片段或照片）里的那个小幻灯片图标的正上方（如上方圆圈所示；它看起来像一个带有对角线的正方形）。单击它，便会弹出一个对话框，上面列有供你选择的转换选项。若要在两个视频片段之间添加一个过渡，只需单击那个过渡并将其拖放至任意两个视频片段之间即可（尝试“交叉淡化”，它的效果就如同你通常在幻灯片中看到的两幅静止图像之间所使用的标准溶解效果）。现在，若要查看它的效果，将播放头拖动到你刚才将过渡拖至的两个视频片段中的第一个视频片段处，单击播放。现在，两个视频片段之间不再是一道生硬的切割效果，你会看到一个顺滑的混合（溶解）效果。如果你在时间轴上查看其中第二个视频片段，你还会看到，一个内部带有X的矩形框已添加至第二个视频片段底部。它代表的就是那个过渡。如果你想让过渡更长一些，单击那个小小的X框（它会突出显示），然后单击过渡的右边缘并向右拖动。现在，两个视频片段之间的溶解（淡化）效果便会维持更长一段时间。如果你想完全删除过渡，单击那个小X框选中它，然后单击Delete（非Mac系统的电脑：Backspace）键，它就会消失。注意：当你从弹出对话框中选择过渡时，在你将它拖放到时间轴之前，你还可以选择希望它持续的时间长度——你可以在对话框底部看到一个“持续时间”字段，可以在其中输入以秒为单位的时间，这便决定了你希望在两个视频片段之间所出现的过渡时长。

添加背景音乐

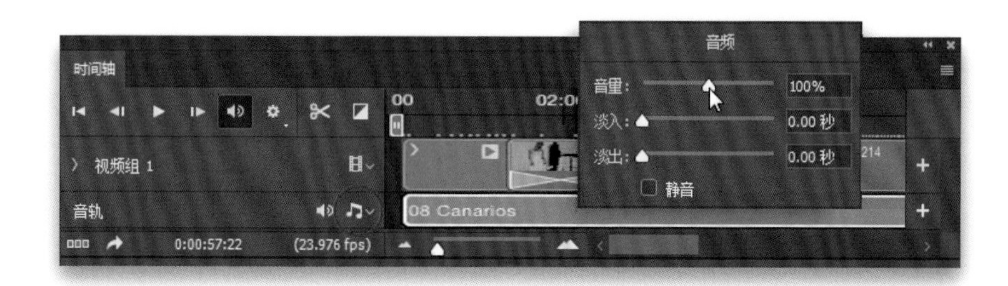

在“时间轴”面板中，在视频片段的下方，你会看到一个空轨道，这便是音轨。在那个小幻灯片图标（我们用它来打开更多视频片段和照片）下方，你会看到一个小小的音符图标（如上方圆圈所示）。单击此图标，从弹出菜单中选择“添加音频”，然后选择你想要用作背景音乐的音频文件（Photoshop 支持最常见的音频文件格式，从 AAC 到 MP3 都可以）。单击“打开”，这个文件便将添加至你的音轨（显示为一条绿色轨道）。现在，如果你要添加一个 6 分 23 秒的音轨，那段音频片段便会延长 6 分 23 秒。所以，如果你只计划制作一个 2 分钟的视频，那么你需要对它进行修剪，就像你修剪视频片段那样。在时间轴中，向右一直拖动至歌曲的结尾，然后单击那个视频片段夹片的右边缘并向左拖动，直到视频的结尾（在这个例子中，我们假设你要制作一个 2 分钟视频，那么就要将视频片段夹片拖回至 2 分钟的标记处）。这将使你的影片无法在 2 分钟后结束，但在那之后，音乐将继续在黑色屏幕上播放 4 分 23 秒，直到歌曲结束（这将会十分残酷，当然你也可以把它理解为是一种“艺术”。我不知道到底哪个是正确的）。顺便说一句，如果你想添加一个旁白或画外音的音轨，同样单击那个音符图标，选择“新建音轨”，然后选择你的画外音音频文件。如果你不创建第二个音轨，那么你所导入的任何其他音频只会将你的背景音乐曲目替换掉。最后一点，若要控制轨道的音量，请直接右键单击绿色夹片，然后在出现的弹出对话框中单击并拖动“音量”滑块（如上图所示）。

让背景音乐在影片结束的时候淡出

在时间轴中直接右键单击那个绿色音轨，一个弹出对话框将会出现。在此对话框中，你将看到两个设置：一个用于淡入你的音乐（这个效果你可以自行决定是否需要），一个用于在结尾处让音乐淡出。后者的使用频率可能很高——除非你碰巧选择了一个完美适合你的影片长度的背景音乐曲目（嘿，这种情况是有可能的）。略微奇怪之处在于，你需要选择的是你希望在背景音乐曲目的结尾倒数多少秒的时候淡出。所以，举个例子，如果你希望音乐在你裁剪歌曲的最后5秒内渐弱，你就要将“淡出”滑块拖动至5.00秒。你所选择的时间越长，音乐淡出所花费的时间越长。

给我的影片增加标题

添加标题的方法有两种：（1）创建一个幻灯片，输入文字，将其保存，然后将其添加至视频中去。具体操作方法如下：按Command-N（非Mac系统的电脑：Ctrl-N），创建一个与视频大小相同的新文档（在“新建”对话框中的“文档类型”弹出菜单中选择你的视频文件，来自动填充大小），使用白色或黑色进行填充（或者你可以打开一幅图像，并将其复制、粘贴到这个新文档，作为你的背景），然后添加你的文字。从“图层”面板的弹出菜单中选择“拼合图像”，将其另存为JPEG格式，然后在视频中将其打开，就像处理任何其他照片一样（将其拖放到你希望它出现在时间轴上的任意位置）。现在，如果你希望你的文字显示在某些移动视频上，同时保持其可编辑，那么请使用方法（2）：在视频文档中创建文字。你需要使用“水平文字”工具（T），但你会注意到，当你单击工具并开始输入时，它会在视频结尾添加此文字，而不是让文字悬浮在视频片段上。若要使文字悬浮在特定的视频片段上，你需要在“图层”面板上单击这个文字图层，并将其拖出视频组（它被分组至一个名为“视频组1”的文件夹中）。只需单击这个文字图层，然后将其向上拖出这个视频组，它便会单独显示于视频轨道上方。你还会看到，在你现有的视频轨道上方创建了一个新的视频轨道。你现在可以将任意一个视频夹片上的文字夹片拖动至时间轴中的任意位置，带有一个透明背景的文字将显示在视频顶部。你可以按照你想要的方式编辑文字。此时此刻，它就如同常规的Photoshop文字一样——你可以用任何你喜欢的方式改变其颜色、大小、字体等。

给我的影片增加滤镜效果

你可以给任何一个视频片段添加常规Photoshop滤镜，如“高斯模糊”或“USM锐化”滤镜。在添加滤镜之前，你只需要做一件简单的事情，要不然滤镜将只会应用于视频片段的单个帧之上，而不会应用于整个视频片段。仅仅完成这一个小小的操作便能将滤镜应用于整个视频片段。那么，先到“图层”面板单击你想要将滤镜应用的那个视频片段图层，然后到“滤镜”菜单中选择“转换为智能滤镜”。现在，当你应用滤镜的时候，它将会应用于你在“图层”面板中所选择的整个视频片段（你可以在上面的“图层”面板底部看到“USM锐化”智能滤镜）。如果你想对一个视频片段进行某种调整（比如“色阶”“曲线”或“色相/饱和度”），那么方法略微不同（其实很简单，不过你只是需要使用另一种方法）。在“图层”面板中，单击要添加调整的视频片段所在的图层，然后单击面板底部的“创建新的填充或调整图层”图标（它是左起第四个图标；它看起来像一个一半黑色、一半白色的圆圈），并从弹出菜单中选择“色阶”（或“曲线”“色相/饱和度”以及任何你想要调整的方面）。现在，你可以在出现的“属性”面板中进行调整（如调整“曲线”或“色阶”），并且你所做的更改将会立即应用于这个视频片段（如上图所示，我添加了“色阶”调整）。你还可以对同一个视频片段添加多种调整——只需从“创建新的填充或调整图层”图标的弹出式菜单中选择另一种调整，它就会叠加于图层顶部。

将某个视频片段变为黑白色调

在“图层”面板中，单击你希望以黑白效果显示的视频片段的图层。然后，单击面板底部的“创建新的填充或调整图层”图标（它是左起第四个图标；它看起来像一个一半黑色、一半白色的圆圈），然后选择“黑白”。现在，你的视频片段便成为黑白效果——就是这么容易。你可以使用“属性”面板中的滑块对这个黑白效果进行调整。

让视频淡入或淡出

若要使你的影片从黑色屏幕逐渐过渡为图像，请单击“过渡”图标（它位于“小剪刀”图标的右侧，“时间轴”面板的左上角，如上图红色圈出部分所示），然后单击“淡入淡出”弹出对话框。在此对话框的底部，你将看到一个“持续时间”字段。输入你想要淡入的时间长度，然后将“淡入淡出”过渡拖放到时间轴中第一个视频片段的前面。现在，当你单击“播放”时，你的电影将从黑色淡入。让电影在结束时淡出的方法大致相同——将“淡入淡出”过渡拖放到视频中的最后一个视频片段，单击“转换”图标，单击“淡入淡出”，在“持续时间”字段选择你希望花多长时间淡出，然后将“淡入淡出”过渡拖放到影片中最后一个视频片段的末尾（如上图所示，其中一个三角形已添加至视频片段的右下角）。现在你的视频将在结束时淡出。

使用相机的内置麦克风给音频静音

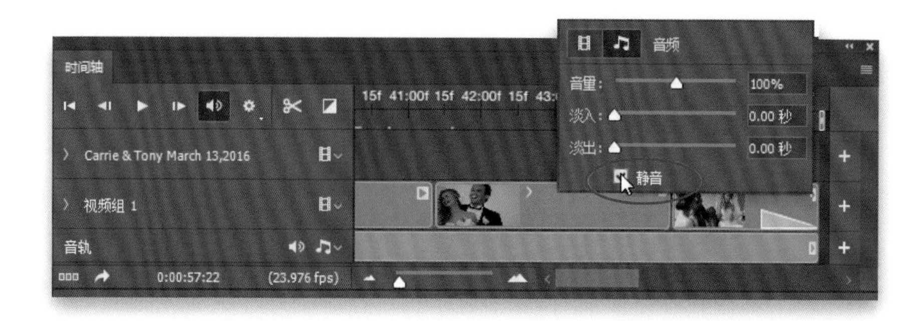

在“时间轴”面板中，右键单击你想要设为静音的那个具有来自相机内置麦克风的音频的视频片段。一个对话框将会出现，其顶部有两个图标：幻灯片图标和音符图标。单击音符图标，并在对话框底部打开“静音”复选框。仅此而已。

将视频片段拆分为两部分

若要将视频片段拆分为两个部分，请先在时间轴中单击你想要拆分的那个视频片段，然后将播放头拖动到要拆分的确切点。在“时间轴”面板的左上角，单击“在播放头处拆分”图标（如上面圆圈所示；它看起来如同一把剪刀），这个视频片段便会被分割成两个。如果你现在移动播放头，你会看到视频片段恰好在那个点被分割成两个视频片段。现在你可以分别将这两个视频片段移动至任何你想要的位置。

对整个视频应用某种效果

之前我们探讨了如何将效果应用到某一个视频片段，但是，如果你想让这个效果延伸至整个影片——比如让整个影片都变为黑白效果，或者让整个影片看起来更具对比度，或者添加一点温暖的色调，该怎么办呢？你可以这样做：单击“图层”面板中位于那一堆图层最底部的那个视频片段（应该是影片中的第一个视频片段）。现在，单击面板底部的“创建新的填充或调整图层”图标（它是左起第四个；它看起来像一个一半黑色、一半白色的圆圈），然后从弹出菜单中选择“黑白”。这只会将一个视频片段变为黑白效果，但我们即将改变这个情况。在“图层”面板中，单击“黑白”调整图层（它位于第一个图层的正上方），然后将其一直拖动到“图层”面板的顶部——在组文件夹之上和之外（正如我们之前添加文字一样）。经过上述操作，黑白效果便会立即应用到所有视频片段，而不必手动对所有视频片段逐个进行操作。

为静止的照片增加动作

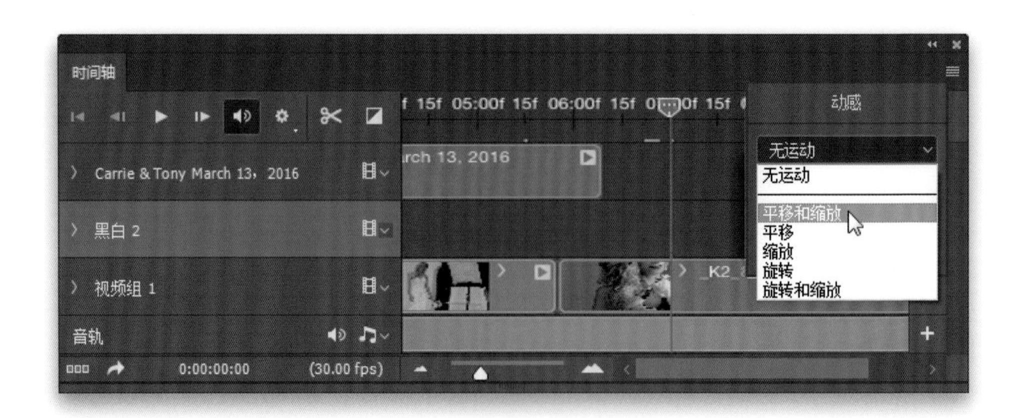

若要为视频中的照片添加“肯•伯恩斯”慢速平移效果（苹果独家的一种图片过渡形式——译注），请右键单击你想要将此效果应用的照片。在出现的“运动”对话框中，单击并按住弹出菜单，你将获得一个移动效果列表，比如“平移和缩放”“平移”“缩放”“旋转”等。只需选择一个你觉得不错的移动效果，然后单击视频片段中的任何地方来关闭这个对话框。

导出视频

在“时间轴”面板的左下角，单击“渲染视频”图标（它看起来如同一个弯曲的右向箭头）。这将打开“渲染视频”对话框（如上图所示），你将在此渲染最终视频，并在你要共享的位置以相应格式进行保存。在这个对话框顶部为你的影片文件命名，然后选择要将其保存在计算机上的位置。在“Adobe媒体编码器”区域，位于“格式”弹出式菜单右侧是“预设”弹出菜单，其中包含一系列用于常见导出类型的预设，例如为YouTube或Vimeo目的保存，或是导出至iPhone或Android设备，等等。而这里的其他设置则是一些更高级的视频导出目的，所以，如果你觉得其余那些选项让你不禁发出“什么？”之类的疑问，至少你不会觉得自己孤陋寡闻。好的，选择预设之后，单击右上角的“渲染”按钮即可开始渲染和导出视频。如果这需要花费一段时间，请不要感到惊讶（如果它需要5或10分钟，请不要感到惊讶）——当然，视频越长，导出所需要的时间越长。一旦完成，你的影片便成为一个完整的存在。现在是时候与全世界分享你的成果了，请记得轻松坦然面对来自互联网那头汹涌而至的愤怒、尖酸、不满的抱怨：你的影片简直就是一堆垃圾。当然，也可能你会看到另一种画面：好莱坞会立即联系你去导演下一部《星球大战》。不可能出现这两者中间的情况——结局非好即坏。我觉得你至少应该对前者有所了解。

第11章

如何做出最受欢迎的特殊效果

让你的照片实力不俗

如果Photoshop有一个方面众所周知，那便是它能创建特殊效果。它广为人知的不仅是这一个方面，它还非常擅长处理相机拍摄的图像，制作插图、网络图形，以及设计广告牌和宣传册等。当然，不能忘了，它还非常适合打造特殊效果。那我们就来说说特殊效果吧。好吧，事情是这样的：许多程序（例如Lightroom）都可以完成一些基本的，甚至某些高级的图像编辑，但“特效之父”绝对非Photoshop莫属。如果你想将文字做出火焰的效果，你应该怎么做？没错，找小P。看到我说了什么吗？就在刚才。没错，我创造了一个很酷的新词“小P”（“Photoshop”的俚语）。现在，我要做的就是在一些年轻人经常使用的程序上使用这个词，然后它就会变成“网络红词”。每个人都会使用它，等你听到碧昂丝说出这个词的时候，它就成了一个官方词汇。也许当她某一天在网上看到某个人——也许是卡戴珊家族的某个或某两个成员——的照片时，她可能会很阴险地转发她们的照片说：“这一看就用过小P。”她的意思是，这张照片一看就经过Photoshop的高强度修饰了。看到了吗？这就是很多东西如何成为“网红”的来龙去脉。你现在已经得知了这一切内幕，这可是我下一本书的主题（好吧，既然我都告诉你们了，那就已经成了这本书的主题）——如何创建自己的俚语，并让它们红遍全球。第1章将是：“让碧昂丝说出它”。第2章将是：“让泰勒•斯威夫特将它写入歌词”。第3章可以是：“确定它在“《城市词典》”中没有一些影响不好的释义——它有这种释义的可能性为73%。当然，它可能有着更糟糕、更恶劣的含义。”

打造一种镜头光晕效果

通过单击“图层”面板底部的“创建新图层”图标，添加一个新的空白图层。按D键将前景色设置为黑色，然后按Option-Delete（非Mac系统的电脑：Alt-Backspace）将此图层填充为黑色。接下来，在“滤镜”菜单下的“渲染”中选择“镜头光晕”。当对话框出现时（如上方左图所示），你可以根据需要调整设置，但默认设置可能是最好的。所以，你此时只需单击“确定”，它便会将镜头光晕应用到黑色图层。现在，若要让镜头光晕融入图像，请到“图层”面板的顶部，将这个黑色图层的混合模式从“正常”更改为“滤色”，这样一来，镜头光晕便能与图像完美融合。你可以使用“移动”工具（V）将镜头光晕重新定位，但你可能会因为重新定位的方式而看到一个或多个硬边缘。如果发生这种情况，单击“图层”面板底部的“添加图层蒙版”图标（它是左起第三个），选取“画笔”工具（B），从“选项栏”的“画笔选择器”中选择一个大的软边刷，然后在硬边缘处涂画黑色，便能够将其融合。

打造出聚光灯效果

打造聚光灯效果有两种方法，我最常用的是这个方法（我们在第4章中也介绍过）：在“滤镜”菜单下，选择“Camera Raw滤镜”。单击顶部工具栏中的最后一个工具——“径向滤镜”（J）。在窗口右侧的“径向滤镜”面板中，单击4次“曝光”滑块左侧的“－”（减号）按钮。这个操作会将所有其他滑块复位为零，但将“曝光”降低（暗化）为－2.00。在面板底部，确保“效果”已被设置为“外部”，然后在要添加聚光灯效果的图像部分单击并拖动“径向滤镜”。在你拖动的过程中，它会出现一个椭圆形状，并且因为你为应用区域选择了“外部”效果，那个椭圆之外的所有东西都会变暗2个光圈数（－2.00），从而打造出聚光灯效果。若要调整椭圆形的大小，请单击并拖动其顶部、底部或侧面的任何一个小控制手柄。若要旋转椭圆，请将鼠标指针移动到其边框外，并将其更改为双向箭头。现在，你只需单击并向上 / 下拖动即可旋转。创建聚光灯效果的另一种方法是打开图像，在“滤镜”菜单下的“渲染”下选择“光照效果”。这就会为图像增加聚光灯效果，但默认的那个效果惨不忍睹。我建议你去“预设”弹出菜单（位于“选项栏”的左侧），选择“手电筒”。当手电筒出现在图像上的时候，你可以单击并拖动聚光灯到你想要的位置。若要更改大小，请单击并拖动外部的圆圈。若要更改其亮度（强度），请单击并拖动内部圆圈的白色部分。

打造一种柔焦背景的效果

在“滤镜”菜单中的“模糊画廊”下，选择“光圈模糊”。在你操作的过程中，它会在图像中心创建一个大椭圆，椭圆外部会有些轻微模糊。若要调整椭圆形的大小，请单击并拖动它的边缘。若要移动它，请单击它中心的图钉，然后将其拖动到你想要的位置。若要旋转它，请将鼠标指针移动到椭圆上某个控制点附近，它将变为双向箭头。现在，你只需单击并向上 / 下拖动即可旋转。你可以到“模糊工具”面板（现在显示于屏幕右侧），将“模糊”滑块向右拖动来增加模糊量（或者只需单击并拖动那个图钉周围的白色部分）。这就类似于模拟那种大光圈、长焦镜头所拍摄出的焦点模糊、浅景深的效果（打造出一种背景区域明亮的散景效果）。因此，你可以在“效果”面板（它现在也位于右边）中控制最亮的离焦区域、散景的颜色以及散景颜色所出现之处的光的范围。将“光源散景”滑块向右拖动一点，你就能立即看到它是如何影响模糊背景区域中的明亮区域的。我通常不会去碰这些滑块，但知道它们的位置和作用是一件好事……你知道……只是以防万一。

打造出移轴模糊（“小镇模型”）效果

在“滤镜”菜单中的“模糊画廊”下，选择“移轴模糊”。这将打开屏幕右侧的“模糊工具”面板，你的图像上会出现4条水平线。两条实线内的中间区域是十分锐利的，两条虚线与两条实线之间的区域都是由锐利过渡到非常模糊的效果，而在那两条虚线之外的区域全部都是模糊的。这些线内的区域是效果最明显的地方，但是老实说，这种效果的好坏其实取决于图像的类型。通常而言，站在一个很高的有利位置所拍摄的、能够俯瞰城镇或风景的图像看起来效果最好（它能使场景看起来非常像一个玩具模型）。如果是用这种类型的图像来打造移轴模糊的效果，通常结果都会令人满意。你可以通过将“模糊工具”面板的“模糊”滑块向右拖动（或者单击并拖动图钉周围的圆环中心的白色部分）来增加效果的强度。你可以通过将鼠标指针移动到其中一条实线上的控制点附近来旋转线条，你的鼠标指针将会变为双向箭头。现在，只需单击并拖动即可旋转。若要移动它们，请单击图钉并将其拖动到你想要的位置。若要扩展过渡区域（从税利到模糊的区域），只需直接单击线条并向内 / 外拖动即可。

打造梦幻柔焦效果

想要打造梦幻柔焦效果，有很多不同的方法。我的方法是：在“图层”面板中，通过单击“背景”图层并将其拖动到面板底部的“创建新图层”图标（它是从右起第二个）上来复制“背景”图层。然后，在“滤镜”菜单下的“模糊”下，选择“高斯模糊”。显示滤镜对话框时，输入20像素，然后单击“确定”。现在，返回“图层”面板，在右上角附近将“不透明度”降低到20%。这会打造出梦幻般的柔焦效果，但又不会使你的图像看起来太模糊。

去除一定的皮肤饱和度

给皮肤去饱和度的方法有很多，其中一种方法是，首先通过单击“背景”图层并将其拖动到“图层”面板底部的“新建图层”图标上（它是右起第二个）来复制“背景”图层。然后，在“滤镜”菜单下选择“Camera Raw滤镜”。只需向左拖动“基本”面板中的“自然饱和度”滑块，直到皮肤看起来不饱和为止。这其实会使整个图层的颜色都变得不饱和，但这就是为什么我们在应用“Camera Raw滤镜”之前创建了这个重复图层。单击“确定”。现在我们便给这个图层添加一个图层蒙版，只需要在被摄主体的皮肤部分进行绘制，去掉饱和度。所以，单击“图层”面板底部的“添加图层蒙版”图标（它是左起第三个），然后按Command-I（非Mac系统的电脑：Ctrl-I）将这个蒙版黑白反相，用黑色填充。这将会把你的去饱和图层隐藏于黑色蒙版后面。按X将前景颜色设置为白色，选取“画笔”工具（B），并从“选项栏”中的“画笔选择器”中选择一个软边刷，然后在你的被摄主体的皮肤上绘制。现在它就成了去饱和的效果。下一页将会介绍另一种方法来给皮肤去饱和，并且会给你的图像添加一个高对比度。

打造高对比度的人像效果

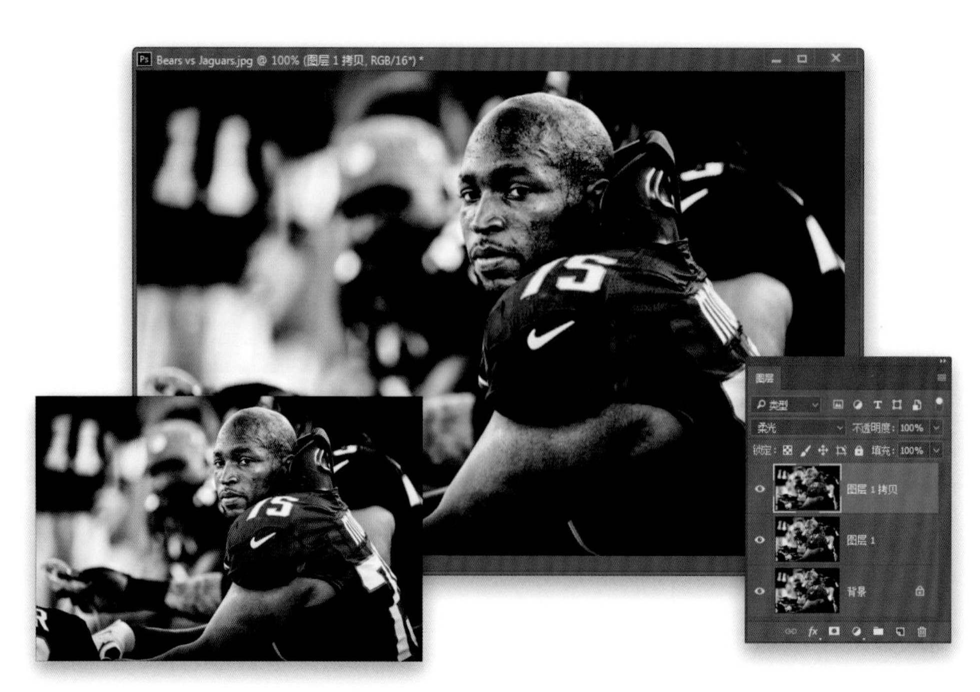

两次按下Command-J（非Mac系统的电脑：Ctrl-J），将“背景”图层复制两次。现在你的“图层”面板中应该有3个图层，它们都完全相同。单击中间那个图层，然后按Command-Shift-U（非Mac系统的电脑：Ctrl-Shift-U），完全去掉此图层的饱和度，使其变为黑白。当然，你只能在图层的缩略图中看到这个黑白版本，因为它被上面的另一个颜色图层覆盖住了。现在，单击所有图层中的顶部图层，在“图层”面板左上角附近将图层的混合模式从“正常”更改为“柔光”，便能达到效果。如果你只希望柔光效果应用于被摄主体的皮肤上，来获得另一种类型的去饱和皮肤的效果（就像我们在上一页所做的那样），那么请先按Command-E（非Mac系统的电脑：Ctrl-E），将两个重复图层合并成单个图层。按住选项（非Mac系统的电脑：Alt）键，单击“图层”面板底部的“添加图层蒙版”图标（它是左起第三个图标），现在效果便隐藏于黑色蒙版之后。选取“画笔”工具（B），从“选项栏”中的“画笔选择器”中选择一个软边刷，然后仅在皮肤区域用白色涂画，皮肤便会成为去饱和的效果。

打造风景照中秋天的效果

首先，在“图像”菜单中的“模式”下，选择“Lab颜色”。然后，再次在“图像”菜单下，选择“应用图像”。当对话框出现时，从“通道”弹出菜单中选择b，然后从“混合”弹出式菜单中选择“叠加”，这样就能打造出秋天的效果。但是，现在还没有完成全部操作。你必须将图像转换回RGB模式，所以要返回到“图像”菜单中的“模式”下，选择“RGB颜色”。好的，现在一切都完成了。

添加HDR效果

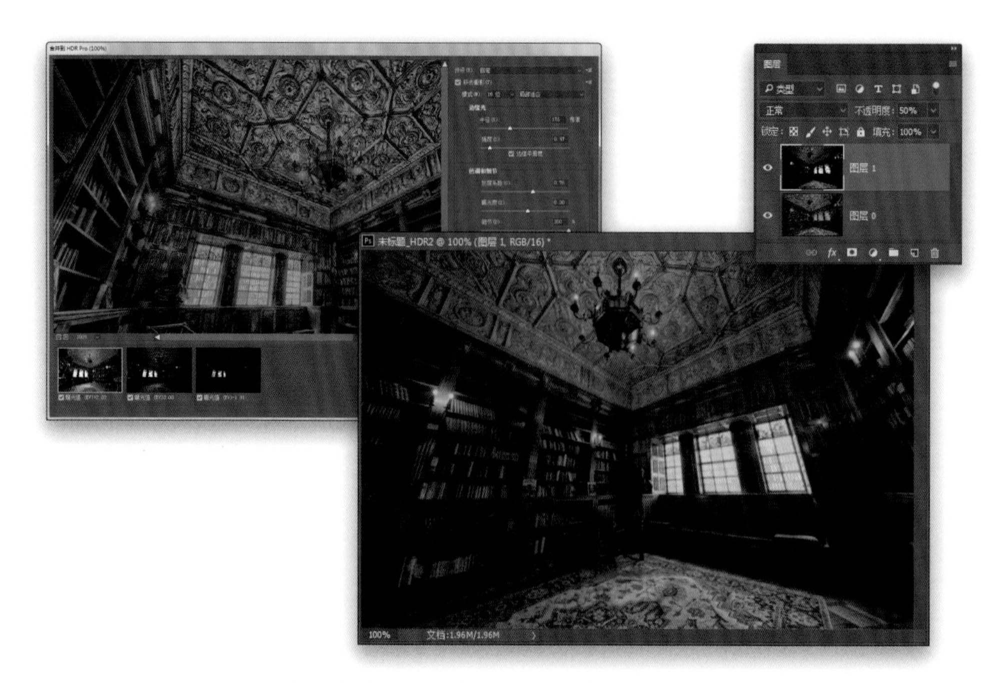

在“文件”菜单下的“自动”下，选择“合并到HDR Pro”。单击“浏览”按钮，找到要合并为单个HDR图像的一组图像，单击“打开”，然后单击“确定”。“合并到HDR Pro”对话框将会出现（见上方左图）。从右上角的“预设”弹出菜单中选择“Scott5”（这是Adobe让我创建的一个“合并到HDR Pro”的预设。是的，你简直无法想象当他们向我发出这个请求的时候我有多兴奋）。这会让你的图像呈现出一个糟糕的HDR效果——可能我有点儿过于严苛。那么，为了让粗糙变得平滑，请打开“边缘平滑度”复选框，单击“确定”，你的HDR图像就会变得平滑。可能现在对于大多数人来说有点儿“承受不住”了，那么我们把强度降低一点。从你的那组图像集中打开原始正常曝光的图像，按Command-A（非Mac系统的电脑：Ctrl-A）选择整个图片，然后将这个正常曝光图像复制并粘贴到HDR图像上（它便会以一个单独的图层呈现）。单击几次顶层缩略图左侧的“眼睛”图标，将其关闭／打开，以确保它与下面的图层完美对齐。如果对齐处于关闭状态，按住Command（非MAC系统的电脑：Ctrl）单击“背景”图层上的两个图层，然后在“编辑”菜单下选择“自动对齐”图层。当对话框出现时，请确保“自动”处于被选状态，然后单击“确定”，让Photoshop将这些图层自动对齐（同样，如果图层之前没有完全对齐，则只需执行此操作）。最后一步是降低这个顶部图层的“不透明度”（通常减少到大约50%），来给糟糕的HDR效果添加一些原始的逼真感。这样就大功告成啦！

将图像转换为黑白

与本章中的许多其他特效一样，转换为黑白的方法有很多（我们在第7章中介绍了另一种方法）。我现在来告诉你我的方法：在“滤镜”菜单下选择“Camera Raw滤镜”。单击直方图下方的“HSL / 灰度图标”（左起第四个），然后打开“转换为灰度”复选框。现在，单击直方图下方的“基本”图标（左起第一个），返回到“基本”面板——这是你真正要转换为黑白的地方！对我来说，打造最佳效果的黑白图像的技巧在于大量的深度和大量的对比度。所以，我会将“对比度”滑块向右拖动得多一点，再将“清晰度”滑块向右拖动一点，从而增强图像中的纹理。当然，对“曝光”和“黑色”“白色”的设置的调整都取决于你的图像，但如果我知道我想要打造一个对比度非常高的效果，我便知道我将会花大部分时间来确保图像的对比度看起来非常大——主要是使用“对比度”和“清晰度”滑块。但同时也要通过向左拖动“黑色”滑块来确保黑色足够深且浓。

做出镜像反射效果

我猜你是打算对一幅风景照片或城市景观照片打造这种反射效果，但这个效果的应用范围也挺广，从人到产品都可以。对于风景照片，我是这样操作的：从“工具箱”中选取“矩形选框”工具（M），然后从水平线一直选取到图像的顶部。现在，按Command-J（非MAC系统的电脑：Ctrl-J）将此选定区域放在一个单独的图层上。接下来，按Command-T（非MAC系统的电脑：Ctrl-T）调出“自由变换”，然后右键单击“自由变换”边界框内的任意位置，并从出现的弹出菜单中选择“垂直翻转”，将这个图层的图像翻转，变为上下颠倒。按Return（非MAC系统的电脑：Enter）键锁定转换。现在，切换到“移动”工具（V），按住Shift键（可以在拖动时保持完全平直），然后单击并拖动此翻转图层，直到它的顶部接触到你原始图像的水平线为止。这样就有了镜像反射效果。就是这些。

打造油画效果

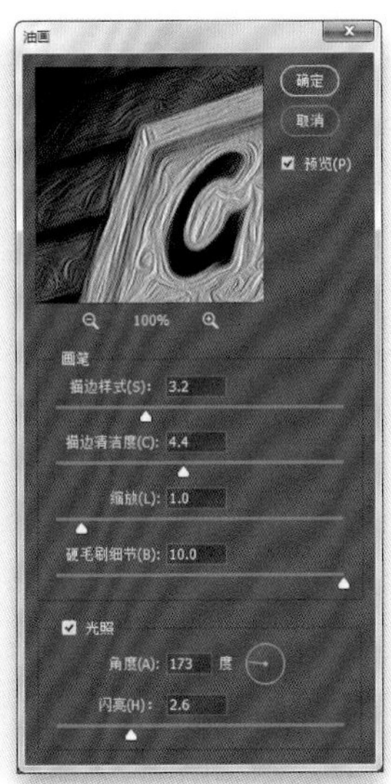

其实有一个滤镜可以做出油画的效果，你可以在“滤镜”菜单下的“风格化”下找到“油画”。这将打开“油画滤镜”对话框。但在开始拖动滑块之前，你需要确保你的图像已经被放大，这样你便可以在调整的过程中（与应用效果之前）清楚地看到效果。若要在你操作这个滤镜对话框的时候查看屏幕上的效果，请确保“预览”复选框（靠近右上角）处于打开状态。如果你还想进行其他任何操作的话，那就是大家所说的艺术，放手去做吧！（注意：如果油画颜色对你来说太灰了的话，请在Photoshop菜单下的“首选项”下选择“性能”。在“图形处理器设置”区域，单击“高级设置”按钮，并在出现的对话框中确保“使用OpenCL”复选框已打开。如果此选项显示为灰色，则表明你的OpenCL版本不支持使用此滤镜。）

打造全景效果

在“文件”菜单下的“自动”下，选择“Photomerge”。在生成的对话框（如上方右图所示）中，单击“浏览”按钮，找到要合并为单个全景图像的若干单独的图像，单击“打开”，然后单击“确定”。只要你在拍摄照片时将每两个单独的图像之间保证有20%的重叠区域，Photoshop就能将它们组合成无缝全景。当然，图像中很可能会留下一边或多边的空隙。所以，下一步通常是使用“裁剪”工具（C）来裁剪这些空隙。如果空隙大部分都位于天空或草丛这种位于图像顶部或底部的地方，那么请不要裁剪图像，请尝试以下操作：选取“魔术棒”工具（按Shift-W），然后单击其中一个白色间隙选择这一区域。现在，按住Shift键并单击其他空隙区域，直到它们都被选中（按住Shift键是为了让你能同时选择几个）。接下来，在“选择”菜单下的“修改”中选择展开。输入4像素，然后单击“确定”（这有助于更成功地设置下一步）。现在，在“编辑”菜单下，选择“填充”。当对话框出现时，从“内容”弹出菜单中选择“内容识别”，单击“确定”，现在，要么会发生一件令人喜出望外的好事——它令人难以置信地真的填补了空白（利用空白周围的区域作为填充参考），要么完全变成了一堆列车残骸。所以，你现在只能按Command-Z（非MAC系统的电脑：Ctrl-Z）将其撤销，然后回到我之前提到的“裁剪空白”地方去。无论如何，这都是值得尝试的一种方式，因为你会对它大多数时候的惊艳效果感到惊讶。不过，当然了，效果好坏还是要取决于你的图像。

打造车轮旋转的效果

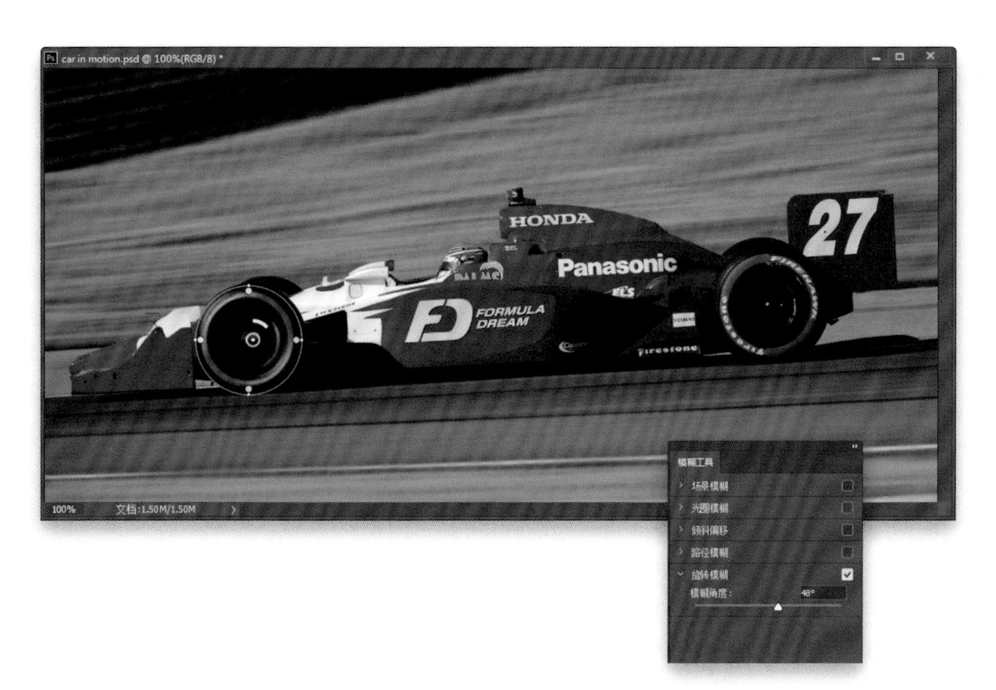

这个特效也有一个滤镜可以做到。在“滤镜”菜单下的“模糊画廊”下，选择“旋转模糊”。这会在你的图像的中间形成一个圆圈形状，它基本上只有一个控件，但它的实力却非常强大。首先，你需要确保圆圈的大小适合你所希望看起来旋转的对象（例如赛车或摩托车的车轮）的大小。然后，单击圆圈中心的图钉，将其移动到你的对象上。接着便可以单击圆圈的边缘并拖动它以调整其大小。如果将鼠标指针放在圆圈周围的控制手柄附近，它将变为双向箭头，然后你就可以单击并拖动来旋转圆圈。当这些都完成之后，便只需要移动出现在屏幕右侧的“模糊工具”面板中的“模糊角度”滑块了（或者只需单击并拖动圆圈白色部分的图钉），直到它看起来像是朝着你想要的方向旋转。仅此而已。顺便说一句，它的效果比我的描述听起来好多了。

添加一道投射阴影

若要添加一道投射阴影，让一个图层（或文字）上的对象似乎在一轮下午的太阳的照射下投射下了一道阴影，请尝试这样操作：创建一个“投影”图层样式之后（我们在“给图层添加阴影”中进行过详细描述），在“图层样式”对话框中单击“确定”，然后在“图层样式”下的“图层”菜单下选择“新建图层”。这会从当前图层中删除投影，并将其放在一个单独的图层上，这样你就可以单独对其进行编辑。在“图层”面板中，单击那一层单独的阴影图层，然后按Command-T（非MAC系统的电脑：Ctrl-T），调出“自由变换”。“自由变换“边界框出现之后，按住Command（非MAC系统的电脑：Ctrl）键，然后单击顶部中心点，将其向左 / 右拖动到你希望投影所在的位置。若要移动投影，只需将鼠标指针放在这个边界框内，然后将其拖动到所需位置即可。完成后，按Return（非MAC系统的电脑：Enter）键锁定转换。若要完成上面的投影，我单击了“图层”面板底部的“添加图层样式”图标（左起第二个），选择混合选项，然后将“填充不透明度”降低到30%左右。

打造正片负冲效果

如果你想打造当今时尚大片的效果，你可以轻松地使用Camera Raw作为滤镜（无需插件）。操作方法如下：打开要使用的图像，然后在“滤镜”菜单下选择“Camera Raw滤镜”。当窗口出现时，单击直方图下面的“分离色调”图标（左起第5个），打开“分离色调”面板。现在，将“高光色相”设置为70，将“高光饱和度”设置为25，将“阴影色相”设置为200，并将“阴影饱和度”设置为25。就是这样——你已经入行了。好吧，这只是一种正片负冲的效果（正片负冲有一堆效果），但这是它最受欢迎的效果之一。若要尝试其他效果，只需更改“高光”和“阴影”的“色相”设置（保持“饱和度”值不变）。还有很多可以尝试：将“高光色相”设置为55，“阴影色相”设置为165。或者，将“高光色相”设置为70，将“阴影色相”设置为220。还有一种：将“高光色相”设置为80，将“阴影色相”设置为235，然后将“饱和度”设置为35。

给图像添加纹理

首先，打开你想要应用纹理效果的图像，然后打开一个有你想要使用的纹理的图像（我一般使用非常便宜的库存摄影图像，比如皱巴巴的纸、旧羊皮纸、局部开裂的混凝土——你将会找到一堆便宜的图像。我买的大多数图片的价格差不多是1美金／张。你也可以使用你在网上找到的免费图像，搜索“创意共享许可证+纸张纹理”即可找到）。当你找到一个你喜欢的图像之后，按Command-A（非MAC系统的电脑：Ctrl-A）选择整个图像，然后将纹理图像复制、粘贴到你的原始图像所在的那个文件夹中（你的纹理图像将以一个图层的形式直接出现在原始图像的图层之上）。使这个纹理与你的图像完美融合的最后一步是尝试不同的图层混合模式，看看哪一个看起来效果最佳。诀窍是一遍又一遍地按Shift-+（加号）。你每按一次，它就会切换至另一种混合模式。通常在几秒钟之内，你便会找到一个完美的匹配（我猜测它会是“正片叠底”[如上图所示]“柔光”或“叠加”的效果，但也不尽然——效果如何还是要取决于图像）。如果你发现了一个不错的混合模式，但觉得它的纹理太过强烈，只需降低这个图层的“不透明度”（靠近“图层”面板的右上角），直到它看起来刚好为止。

打造一个双色调效果

打开需要应用这一效果的图像，然后在“滤镜”菜单下选择“Camera Raw滤镜”。当窗口出现时，单击直方图下方的“HSL / 灰度”图标（它是左起第4个），打开“转换为灰度”复选框，使图像变为黑白。现在，单击直方图下面的“分离色调”图标（它是左起第5个）。你需要在这里输入一些数字，但只需要在面板底部的“阴影”区域输入即可（而不是在顶部的“高光”部分，我们也不会触碰“平衡”滑块——让它保持为零即可）。将“阴影饱和度”滑块拖动到20，这样你就可以看到颜色出现，然后将“阴影色相”滑块拖动到你想要的双色调颜色效果（我通常会选择35和42之间的一个温暖的棕色色调）。这就是全部操作步骤！整个过程最大的障碍是你需要克服一个心理障碍——你要管住自己，不要去触碰“高光色相”滑块、“饱和度”滑块或“平衡”滑块。只需移动那两个阴影滑块，然后就可以悠闲 地离开了。

第12章

如何锐化你的图像

如果你的图像十分模糊、不够锐利

当你看到那个副标题——“如果你的图像十分模糊、不够锐利”——的时候，也许会想：“切，这不是废话吗！”这看似十分简单，但其实它比它听起来要有深度多了，因为许多人会直接把模糊的图像发出来，从来不会想到要去锐化一下。这是因为他们不知道如何锐化图像。锐化是所有这一切的核心，没有它，那就如同通过别人的眼镜看世界——等他们戴上自己的眼镜时，他们说的第一句话便是：“老兄，你是瞎了吗！”当然，你会为自己辩护，你会说：“我没瞎。只是眼镜度数不适合我罢了。”但是，他们会说：“我并没有指责你什么，但是当一个人的视力突然变得非常差的时候，通常都是因为没有及时治疗……”然后，你会面露一副“你想尝尝拳头的滋味吗？”的凶煞神色制止他们继续往下说。当然，他们其实并不想打架，因为他们自己显然也需要眼镜，他们可能也有一些生理问题。所以，你可以狠狠地揍他们一顿，他们意识到被打的时候已为时过晚。之后，你们双方都会意识到，所有这一切只是你在脑海中进行的一个“小P”，每个人都顿时觉得索然无味。

进行基本锐化

如果是日常需求的锐化，可以使用“USM锐化”。其实有一些更先进的方法可以锐化图像，但由于种种原因，这个滤镜仍然是许多专业人士的首选方法。在“滤镜”菜单下的“锐化”下，选择“USM锐化”。当对话框出现时，你会看到3个滑块：“数量”滑块控制应用于图像的锐化程度（对不起，我不得不解释一下，如果我没有解释的话，我一定会收到电子邮件说：“‘USM锐化’中的‘数量’滑块是用来干什么的呢？”这可不是我编造的）。“半径”滑块用来决定作边沿强调的像素点的宽度，“阈值”滑块决定在像素被视为边缘像素之前与周围区域的差异。（注意：在调整阈值量时，数字越低，锐化效果越强烈。）好了，该介绍的我都已经说完了。那么，我在实际操作的时候使用的是怎样的设置呢？我给我的DSLR所做的日常首选锐化设置为——数值：120%；半径：1；阈值：3。希望对你有所帮助。

进行高级锐化

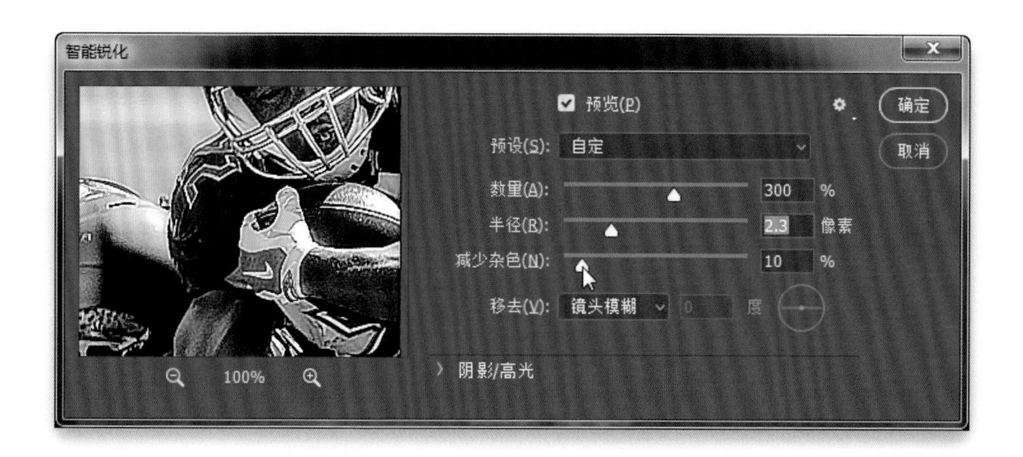

在“滤镜”菜单下的“锐化”下，选择“智能锐化”。顾名思义，这是一种能够更智能锐化图像的方式（它的新计算方式比Photoshop 1.0版本中的“USM锐化”滤镜更加先进，信不信由你）。“智能锐化”滤镜能够让你在锐化程度逐步增加的情况下减少锐化带来的“副作用”（例如增加的杂色、出现在对象边缘周围的光晕，或锐化后图像中的小污点或伪影）。Adobe建议你使用这一滤镜的方法如下：首先，确保“删除”弹出菜单被设置为“镜头模糊”（这样它便使用最新的计算方式），然后“数量”滑块增加到至少300%，并慢慢向右拖动“半径”滑块，直到你开始看到边缘周围出现光晕。当光晕快要出现时，将滑块关闭一会儿（直到光晕消失），你就完成任务了。

锐化细节区域，比如眼睛

从“工具箱”中选取“锐化”工具（它嵌套于“模糊”工具之中），然后在上面的“选项栏”中，确保“保护细节”复选框已打开（这样它所使用的就是新的计算方式。顺便说一下，这个工具所使用的计算方法是Photoshop所有锐化方式中最好的）。现在，只需在你想要锐化的区域涂画。我会使用这个方法处理人像中的虹膜，它总能带给我神奇的效果。如果你想方便查看前／后效果的对比，你可能需要先按Command-J（非MAC系统的电脑：Ctrl-J）复制“背景”图层，然后再进行锐化。然后，你可以单击复制图层左侧的“眼睛”图标以将其关闭／打开，这样你就可以将其与原始图像进行比较了，以免你不小心锐化得比较过度。

打造高反差保留（重度）锐化效果

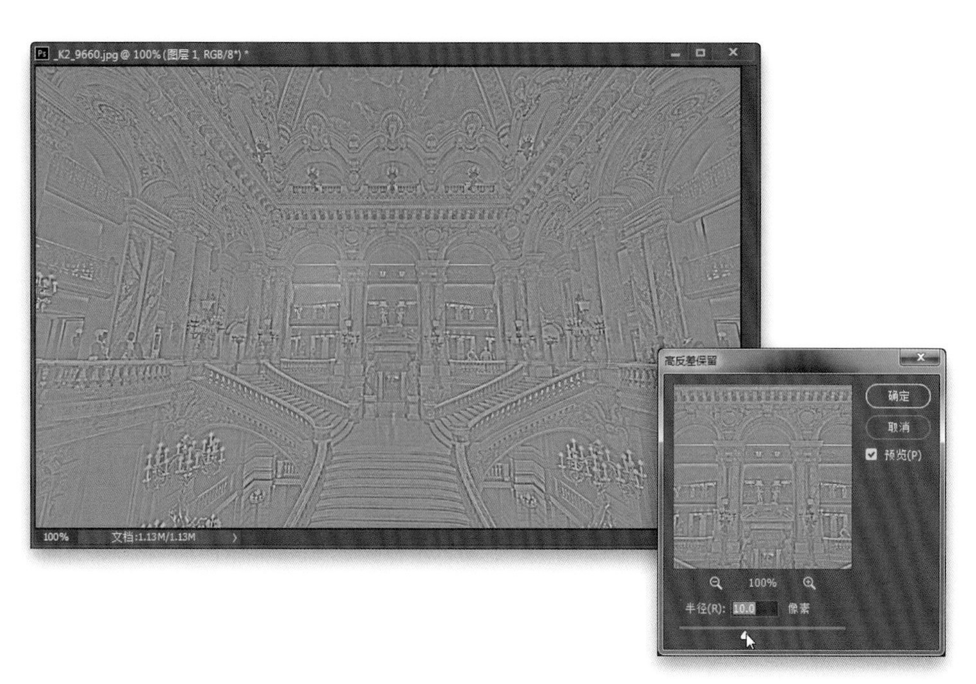

如果你想要打造“超级锐化”的效果，就应该使用这个方法，因为它能强调照片中的所有边缘，并使这些边缘脱颖而出。它真的能给大家一种超级锐化的印象。首先复制“背景”图层（按Command-J [非MAC系统的电脑：Ctrl-J]），然后在“滤镜”菜单的“其他”中选择“高反差保留”。将“半径”滑块一直向左拖动（这会将图层变为纯灰色），然后将其向右拖动，直到你看见图像中的对象边缘开始出现。你拖动得越远，锐化将越强烈。但是，如果你拖得太远，图像中物体的边缘便会出现很大很白的光亮。所以不要拖得太远，就拖至你看到边缘清晰地出现为止。现在，转到“图层”面板，并将此灰色图层的混合模式从“正常”更改为“强光”，从而获得最大强度（或尝试“叠加”，打造一个不那么强烈的效果；或使用“柔光”，打造一个更柔和的效果）。这些操作会从图层中将灰色删除，但会让边缘保持加深状态，这样就使得整个照片显得更清晰。如果锐化看起来太过强烈，你可以通过降低“图层”面板右上角的图层的“不透明度”来控制锐度。

进行捕获锐化

当你以RAW格式拍摄时，就意味着你告诉相机关闭相机中的任何锐化。其实，默认情况下，Camera Raw会使用一点点锐化，让你的图像不至于看起来像软绵绵的小白兔。在“Camera Raw”中，单击直方图下方的“细节”图标（它是左［这里原文中是“右”，但是在Camera Raw里面，其实是“左”。可能是作者弄错了。］起第三个）。在“细节”面板中，你会看到“数量”被设置为+25。而JPEG或TIFF图像的“数量”被设置为0。因为它们已经在相机拍摄时应用了锐化，所以它觉得并不需要数值。这就被称为“捕获锐化”。这些操作就是为了弥补以RAW格式拍摄照片时所丢失的锐度。我觉得+25的数值有点太低了，如果你也这么认为，那就继续前进一点（如果不想要+40那么高的话，至少也应该设置为+35），而图像仍然是RAW格式（在你在Photoshop中打开它之前）。你就这样想，捕获锐化是一种“预锐化”，并且一切都需要进行一些预锐化，无论你是在Camera Raw中对RAW图像进行锐化，还是在相机中以JPEG或TIFF格式进行拍摄。

锐化图像的某一部分

局部锐化有3种方法，我已经在“锐化细节区域”中介绍了其中一种（使用“锐化”工具）。但是，我最常使用的应该是这种方式：通过按下Command-J（非Mac系统的电脑：Ctrl-J）开始复制“背景”图层，然后使用任何一种滤镜或方式来进行锐化。现在，按下并按住Option（非Mac系统的电脑：Alt）键，然后在“图层”面板单击“添加图层蒙版”图标（左起第三个图标）的底部。这将会在你的锐化复制层上添加一个黑色图层蒙版。从“工具箱”中选取“画笔”工具（B），然后在“选项栏”的“画笔选择器”中选取软边画笔，请确保你的前景色设置为白色，然后在任何你希望图像出现锐化的地方进行涂画（如上图所示，我在她的眼睛、眉毛、嘴唇、头发和首饰上进行了绘制）。在你涂画的过程中，你所画的区域的锐度就会加大。另一种方法是在“滤镜”菜单下选择“Camera Raw滤镜”。当窗口出现时，从顶部“工具栏”中获取“调整画笔”（K）（右起第三个工具）。然后，在右侧的“调整画笔”面板中，单击两次右侧的“+”（加号）按钮。这会将所有其他滑块复位为零，并将锐度增加至+50。现在，只需在你想要显示锐化的区域进行涂画。完成后，你可以使用“清晰度”滑块增加或减少应用于这些区域的锐化量。

在Camera Raw中进行锐化

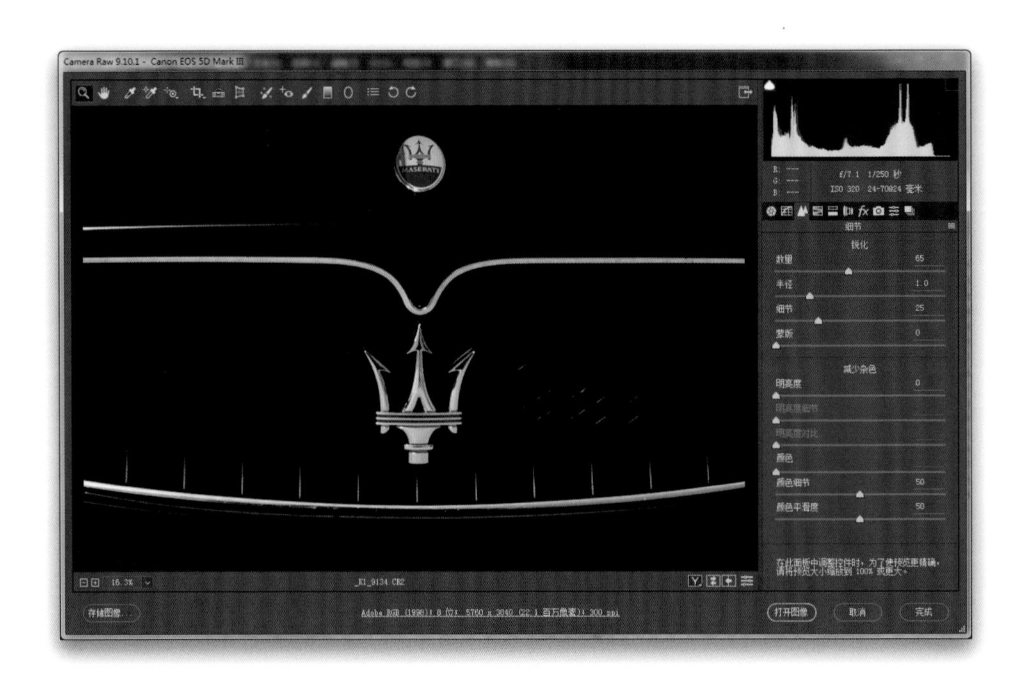

如果你想在Camera Raw中完成所有的锐化（你不打算在Photoshop中进行这些操作——你将要在Camera Raw中处理你的图像，并使用左下角的“保存图像”按钮保存为JPEG格式），你应该进行以下操作：首先，单击直方图下的“细节”图标（左起第三个图标），你会在面板顶部的右侧看到锐化设置。（注意：这样你便能避免不小心过度锐化。如果你不想放大到100%，我建议至少放大至50%，这样你就能够看到锐化的作用了。）“数量”滑块（显然）负责控制锐化量。“半径”滑块用来决定作边沿强调的像素点的宽度，我会把这个设置为1。如果我需要一些更重的锐化，我会把它增加到1.2或1.3，但这种情况比较罕见。“细节”滑块用作光晕预防控件，它能够让你在锐化加重的情况下也不会看到对象边缘的光晕。我差不多一直都把它默认设置为25。“蒙版”滑块可以控制应用锐化的位置。它在处理女性或儿童的人像照片时非常完美——比如你想让一些细节区域得以锐化，但又不想锐化他们的皮肤（我在第3章进行过详细介绍。欲知更多关于“蒙版”滑块的详情，可以翻回去看看）。

处理相机震动所造成的照片模糊

打开一张模糊的图像，这张图像是由于你在低光照射的情况下没有拿稳相机而造成了其模糊的效果（嘿，这是可能的）。然后，在“滤镜”菜单下的“锐化”下，选择“防抖”。（注意：如果你的图像是由于在低光情况下拍摄时，被摄主体移动而导致的图像模糊，那么这个滤镜就不会起作用。）当对话框打开时，它会自动分析你的图像，从中间开始（大多数模糊都发生在中间），逐渐向外搜索。你会看到一个进度条出现在右侧那个小“细节放大镜”的底部。等进度条走完之后，它会显示它的模糊校正。它可能会将任务完成得非常出色（它不会像大头钉那样锐利，但肯定会明显比之前好很多），它也可能完全没有起到任何作用——它就会看起来没有做出任何更改。如果你认为这个效果足够“接近”，那么请尝试调整右上角的“模糊描摹边界”滑块，或按Q键将细节放大镜悬浮在图像上方。然后，你可以在任何地方重新定位，单击左下角的圆形按钮，它将分析放大镜下方的区域。你可以尝试的最后一个操作是扩展“高级”区域，并使用“显示模糊评估区域”工具，单击并拖动你想要分析的区域（如上图所示）。在大多数情况下，我都会打开滤镜，让它去完成任务。如果效果看起来不错，我就会很高兴。如果效果不好，我就会移动“放大镜”，直到我得到更好的结果。也许我会放弃使用这个“滤镜”，因为它并不总是起作用（嘿，至少你知道怎么做了，对吗？）。

第13章

其他一些你可能想知道的东西

所有那些其他东西，它们都在这一章

在每本书中，都必须有一个“一网打尽”的章节。这是一个为那些不适合在任何其他章节生活的内容提供的容身之所。也许某些内容其实属于另一个章节，但作者太懒了，懒得把那个技巧放在它所属的章节，因为他好不容易写到了最后一章——书其实很难写的。写书的过程是由无数个孤寂冗长的时段拼合而成的，只有你和你的朋友吉姆•波恩（Jim Beam），被扔在一个天昏地暗、通风不足的混凝土房间里。你的出版商（为了保护他们的身份，我们称其为“洛基•诺克［Rocky Nook］”）把你们锁了起来，直到你写完。噢，当然，你每天有一个小时的时间可以去院子里放风，见见阳光，也许还可以锻炼锻炼，或者试着用他们给你的肥皂雕刻一把小刀，小到足以藏进你的皮带中。所以，当你回到“图书馆”（你就是在那个地方为“那个人”进行创作）时，看守们发现不了它。顺便说一句，“那个人”就是他们所要求的我在提及他们时的称呼（甚至在合同谈判期间），特别是当我和外面的其他人（那些在截止日期前完成了书稿的作者）交谈时一定要这样称呼他们。当他们问我在做什么时，我要说一些诸如“仍然在为那个人工作”“那个人无时无刻不在监视着”“为什么我总是很快就把肥皂用完了？”这样的话。但是，你知道这一切都很好，因为当你抵达最后一章的时候，即使“那个人”希望你早日完成书稿，他也会对你说一些诸如“那个人希望你完成它”的话。我不了解你，但当你听到这样的话——你可以感觉得到这都是一些发自肺腑的话语——对我来说，这一切突然都变得如此值得（在我上个月可以去见来访者的那天，我用我的小刀弄伤了我的一个编辑，这让我感觉很不好。我不得不做出点赔偿）。

解决Photoshop问题

如果你的Photoshop看起来有点儿问题，或者它没有按照它应有的方式运行，那么你的Photoshop“首选项”文件可能已损坏。不过，不要难过，这不是你的问题。这是一个相当常见的事情。幸运的是，替换这些首选项通常就会解决你可能遇到的大约99%的问题。具体操作如下：退出Photoshop，然后按住Command-Option-Shift（非MAC系统的电脑：Ctrl-Alt-Shift）并重新启动Photoshop。在Photoshop重新启动时，请持续按住这些键，屏幕上会弹出一个对话框，询问你是否要“删除Adobe Photoshop设置文件？”单击“是”，Photoshop会创建一个全新的出厂状态的首选项，通常这就能修复你所面对的Photoshop的任何问题。如果由于某种原因它没有奏效，你需要做的下一件事情（我非常不想告诉你这个）就是卸载，然后重新安装Photoshop。幸运的是，使用Creative Cloud就能把这变成一件相当容易的事情。只要运行当你安装“Photoshop CC”应用程序时随附的“卸载Adobe Photoshop CC”，你就能摆脱之前的那个程序。然后，转到“Adobe Creative Cloud”应用程序，安装一个全新版本的Photoshop。无论你之前遇到了什么问题，现在它们都已经烟消云散了。

使用透明背景保存图像

保存带有透明背景的图像（也许像你的公司标志或图形）的诀窍是将图像全部放在一个单独的透明图层上，然后通过将“背景”图层拖放到位于“图层”面板底部的“垃圾桶”图标上来将其删除。删除“背景”图层后，将此文件另存为PNG（“ping”）文件。这是一种特定的文件格式，支持许多其他程序的透明度。你可以在Photoshop的文件菜单下选择“另存为”。当“另存为”对话框出现时，从对话框底部的“格式”弹出菜单中选择PNG。就是这样——现在你可以将这个文件在其他程序中打开，或者将其放在网络上，它都不会出现任何颜色的纯色背景。还有最后一件事：你如果想达成这个效果，你的图像必须在之前就位于一个透明的背景图层之上。如果，当你在Photoshop中打开你的徽标时，其背景为纯色的话，你需要先删除那个背景。可能最简单的方法是将“背景”图层的“锁定”图标拖动到面板底部的“垃圾桶”图标上，然后选取“魔术棒”工具（Shift-W），在徽标周围的背景区域中单击一次即可选择它，接着单击Delete（非MAC系统的电脑：Backspace）键删除背景区域。如果需要选择多个区域，请按住Shift键，然后单击这些区域，它会将它们添加到你要选择的区域中进行删除。最后，如果“魔术棒”工具对你不起作用的话（嘿，这种情况是会发生的），通过按Command-D（非MAC系统的电脑：Ctrl-D）取消选择，然后切换到“快速选择”工具（它嵌套于“魔术棒”工具之中），并在背景区域上涂画进行选择。选择之后，单击Delete键。

让那些无聊的重复性的东西自动操作

在“窗口”菜单下，选择“动作”，“动作”面板便会出现。这是Photoshop的内置磁带录音机，它会记录我们那些无聊、重复的任务，然后通过让Photoshop为我们飞速回放来自动操作整个过程。若要创建一个新记录（在Photoshop中称之为“动作”），请单击“动作”面板底部的“创建新动作”图标（它与“图层”面板的“新建图层”图标相同）。在“创建新动作”对话框中，给你的操作命名，然后为其分配一个“功能键”（键盘上的F键）。因此，你之后每按下F键时，这个重复任务就能开始运行。你会发现，这个对话框里没有“确定”按钮，取而代之的是一个“开始记录”按钮。当你单击那个按钮时，它便开始记录，比如现在，你开始在Photoshop中进行操作，它就会将你的操作步骤全部记录下来。完成之后，单击“动作”面板底部的“停止播放 / 记录”图标（其图标看起来像一个正方形），并且测试一下这个操作，以确保能够正确录制。只需单击“播放选定的动作”图标（它看起来与其他任何一个播放图标一样）。现在，其实知道“动作”面板不会记录你在Photoshop中做的每一步操作。例如，它不会记录使用“画笔”工具绘制时的笔触，所以这个工具并非是用来进行艺术创作的——它是为了让那些你每天都会操作的无聊、重复的任务得以自动完成。顺便说一下，Photoshop提供了几组设计操作，你可以从“动作”面板的弹出菜单中看到。单击右上角的小图标，你将在此菜单底部看到可以加载的动作列表（如上方右图所示）。

为图像添加边框

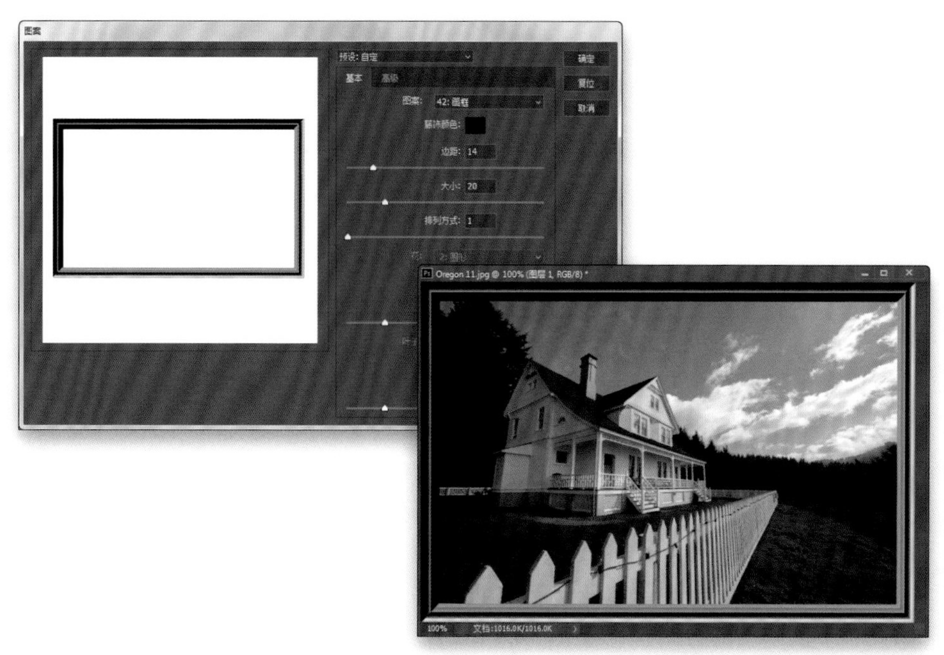

首先，单击“图层”面板底部的“创建新图层”图标（右起第二个图标），新建一个空白图层。接下来，在“滤镜”菜单的“渲染”下，选择“图片框”，从而打开“图片框”滤镜对话框。现在，我不得不承认，Adobe在这里选择的默认图片框真的非常糟糕，但幸运的是，你不需要使用它。在“图片框”弹出菜单中，靠近右上角的地方，你会看到一个内置的图片框选项的完整列表，从底部的传统图片框（如# 42：“艺术图片框”；如上图所示）到一些有趣的图形框架（如# 31：“禅花园”）。根据你选择的图片框，你将会看到很多或若干选项，它们显示在“图片框”弹出菜单的正下方。你可以使用它们来调整最终图片框的模样，从间距到颜色，你都可以一一调整。其实我并不想说，“嘿，你就移动一下滑块，看看它们都有什么作用。”但是由于这里有大概40个图片框，每一个都各有千秋，所以你必须要做这件事。当你拥有了想要的图片框之后，单击“确定”，它就会在一个空白图层为你创建这个图片框。若要调整它的尺寸来适应你的图像，请按Command-T（非MAC系统的电脑：Ctrl-T），调出“自由变换”。如果你需要按比例调整尺寸，请按住Shift键；如果不需要的话，只需单击顶部、角落或侧边的控制点，按照你想要的方向拖动来配合你的图像，然后按Return（非MAC系统的电脑 ：Enter）锁定变换。

用画笔绘制直线

选取“画笔”工具（B），在你想要出现直线的起点单击一次，然后再在你希望直线结束的点单击一次。Photoshop将会在这两个点之间自动绘制一条直线（如上图所示）。

设置我的颜色区域

如果你想知道你在Photoshop中所使用的颜色区域，请到“编辑”菜单，选择“颜色设置”。在“工作空间”部分（位于对话框的左上角），从“RGB”弹出菜单中选择你的颜色空间。一般说来，如果你只使用Lightroom，那么你会将“颜色区域”设置为“ProPhoto RGB”，因此它便与Lightroom的原始颜色空间相匹配。如果你不使用Lightroom，并且你主要在Photoshop中进行打印设置，那么你可能要选择“Adobe RGB”（1998）作为你的颜色空间。最后，如果你的图像将用于网络，那么你可能需要在一个为Web浏览器设计的颜色空间（sRGB）中操作。这些只是一般意义上的指南，但如果你正在寻找一些常规指南，那么你现在就已经掌握了。

撤销多个步骤

若要撤销多个步骤（如果你只需要撤销一个步骤的话，请按Command-Z [非MAC系统的电脑：Ctrl-Z]），请按Command-Option-Z（非MAC系统的电脑：Ctrl-Alt-Z）。每次按下它，它就会返回一步，上限是撤销50步。你现在需要回顾历史记录，历史记录记载了你的每一步操作。你可以在“窗口”菜单下选择“历史记录”，查看步骤列表。“历史记录”面板将会弹出，你可以在其中查看最近的50个步骤（这是默认值。你可以通过在Photoshop CC [非MAC系统的电脑：编辑] 菜单下的“首选项”下选择“性能”，来改变“历史记录状态”的数字）。若要跳回到任何一个步骤，只需在面板上单击它即可。

使用Adobe Bridge快速查找图像或给图像重命名

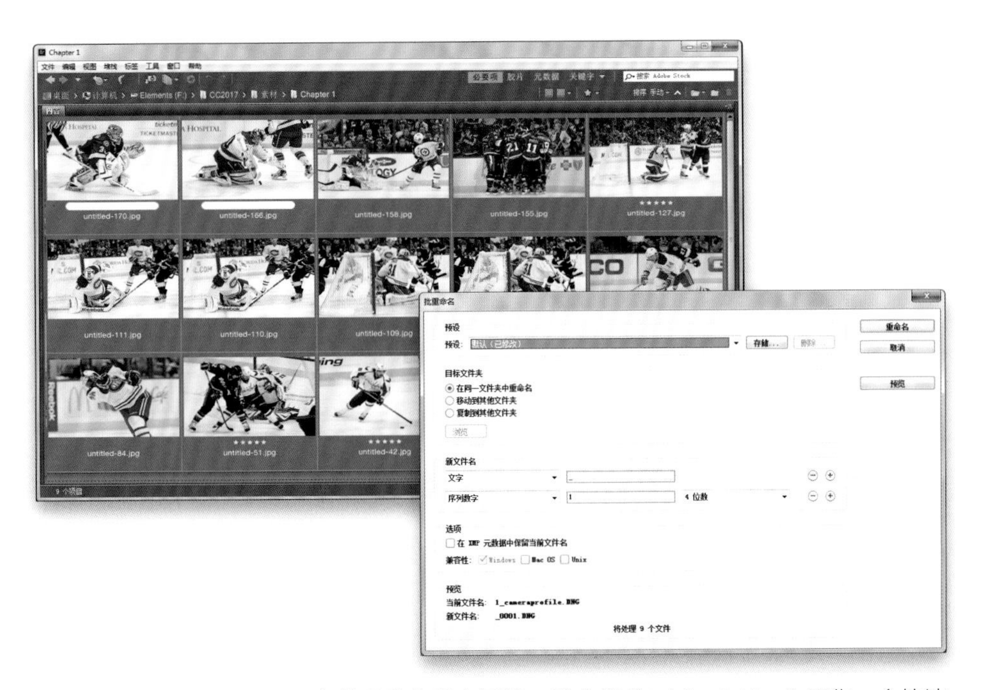

由于我使用Lightroom来管理我的所有图像，我会把“Adobe Bridge”用作一个快速文件浏览器——当我需要在一个装满了图像的文件夹中快速找到一两个图像时，我就可以使用它。只需将图像文件夹拖放到桌面上的“Bridge”图标上，即可显示此文件夹内的所有图像的缩略图。若要更改缩略图的大小，请单击并向左/右拖动右下角附近的滑块，以使其更小/大。若要查看任何缩略图的全屏视图，请单击它，然后按“空格”键。若要返回缩略图，只需再次按下“空格”键。若要在Camera Raw中打开任何缩略图，请单击要打开的缩略图，然后按Command-R（非MAC系统的电脑：Ctrl-R）。若要在Photoshop中直接打开这些图像中的任何一张，只需双击缩略图即可。若要让Bridge将你的照片重命名，请首先在所有要重命名的照片上按住Command键并单击（非MAC系统的电脑：Ctrl-单击）以选择它们（如果它们是连续的，按住Shift键单击图片；或者你想要为文件夹中的所有照片重命名的话，按Command-A［非MAC系统的电脑：Ctrl-A］以选择它们），然后在工具菜单下选择“批量重命名”。当“批量重命名”对话框出现时，在“新文件名”部分，为文件选择所需的新名称。使用文件名右侧的“+”（加号）和“-”（减号）按钮添加和删除字段。例如，你可以从弹出菜单中选择一个数字序列，让它自动为你的图像编号（如上图所示）。如果你希望查看新文件名在更改时的外观，请单击右上角附近的“预览”按钮（或直接在“预览”部分查看）。

保存我的选择以备再次使用

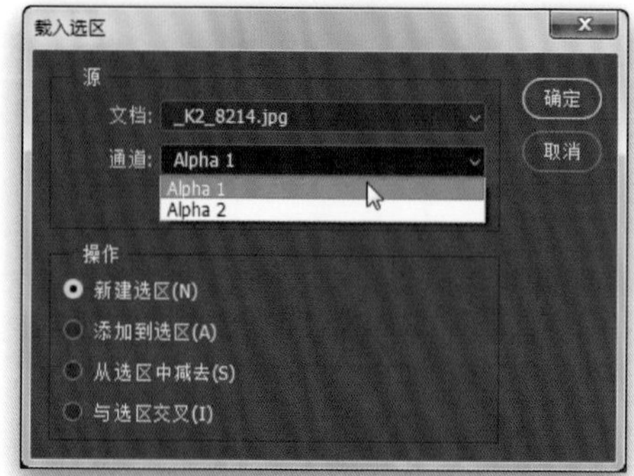

如果你的选区比较复杂，或者这个选择的过程让你有些痛苦，你可能想把它保存下来。这样，如果你以后再次需要它的时候，就不必从头开始再经历一次煎熬了。当你确定了选择区域之后，请在“选择”菜单下选择“保存所选内容”。这将打开一个对话框。如有需要，你可以在其中为你所选内容命名（如上方左图所示）。如果你不想为之命名，默认情况下，它将被命名为Alpha 1（其他的将被命名为Alpha 2、Alpha 3，以此类推）。当你保存之后，你可以在Photoshop中进行任何操作，因为你现在已经知道，你随时都可以回来，重新加载这个选择区域。若要重新加载选择区域，请在“选择”菜单下选择“载入选区”。当“载入选区”对话框出现时（见上方右图），从“通道”弹出菜单中选择要加载的任何一个保存过的选区（Alpha 1、Alpha 2，随便你），单击“确定”，你的选区立即就位。顺便说一句，如果你将文件保存为PSD格式（Photoshop的本机文件格式），你保存的选区将会与文件一起保存，以便你以后再次使用它。如果将文件另存为JPEG，那么选区便不会随之保存。

将图像保存为多种尺寸和格式

Photoshop中有一个非常棒的小功能，可以使你打开一个装满图像的文件夹，并能将其保存为多种文件格式或尺寸（以防万一你需要）。在“文件”菜单的“脚本”下选择“图像处理器”。在“图像处理器”对话框中，你需要告诉它（在＃1部分）的第一件事是需要处理的图像文件夹所在的位置。所以，首先请单击“选择文件夹”按钮。接下来（在＃2部分中），选择你想要以新格式（或大小）保存这些新图像的位置（换句话说，当完成操作时，它们应该被放置于哪个文件夹中）。在＃3部分中，你可以选择要将这些副本另存为的文件格式（和大小）。你可以选择将其保存为JPEG、PSD、TIFF，甚至同时保存3种都可以（这样你所选择的文件夹中的每个图像都会保存为3个副本，每个格式一份）。在最后一个部分（＃4部分）中，你可以输入要嵌入到文件中的任何版权信息。如果创建了一个动作，你可以选择将其应用于所有这些图像。例如，如果你创建了一个水印的动作，则可以在处理这些图像时自动将其应用于这些图像——只需打开“运行动作”复选框，然后从右侧的弹出菜单中选择操作。当你选择完毕之后，单击“运行”按钮，它就会开始操作——它的速度真的很快。完成之后，你会在你选择的主文件夹中找到一个子文件夹，每个文件格式的图像都会位于正确的文件夹中（嘿，至少它没有把所有图像全部放在一个大文件夹中，对吧？）。

创建联系表

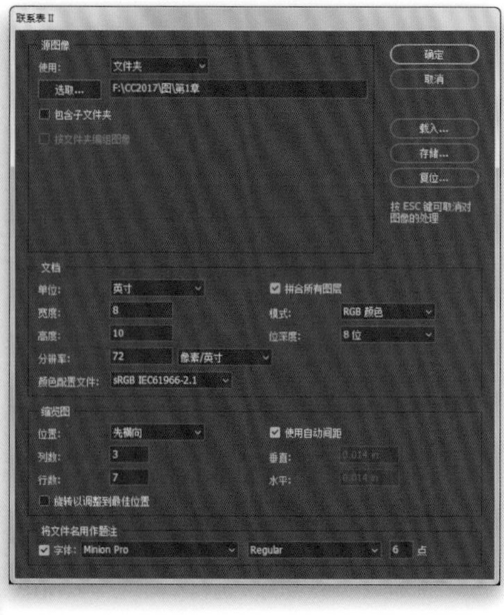

在“文件”菜单的“自动”下，选择“联系表II”。这将显示“联系表II”对话框，你可以在其中选择你想要的联系表。在“源图片”区域的顶部，从“使用”弹出菜单中选择是否要打开图片文件夹。也可以使用已在Photoshop中打开的图像，或从Bridge中提取图像。在“文档”部分，选择联系表的大小（此部分与“新建文档”对话框类似），然后在“缩览图”部分，选择所需的行数和列数。若要使缩览图自动分隔，请打开“使用自动间距”复选框（或者在下面的字段中输入自己的设置，以缩小缩览图的间距）。如果要使用文件名作为字幕，你可以在此对话框的最底部打开“字体”复选框，将文件名显示于图像下方。你还可以选择大小和字体。完成所有这些选择后，单击“确定”按钮，它会自动为你创建联系表。

降低编辑的强度

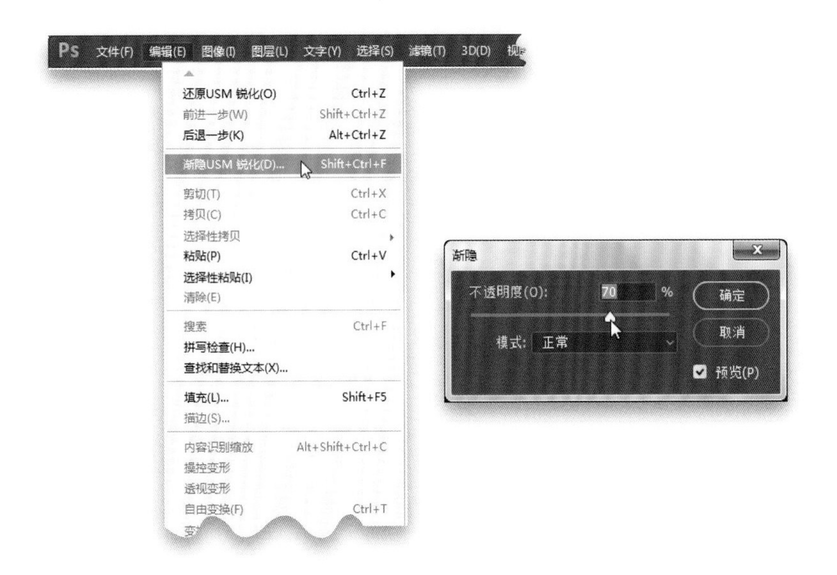

如果你应用了滤镜（如“高斯模糊”或“USM锐化”），或者进行了某种调整（如“色阶”或“曲线”），而你觉得你的编辑效果太重，你可以使用“褪色”功能。“褪色”功能就像滑块上的撤销一样。若要使用它，请在应用滤镜或调整后立即进入“编辑”菜单，然后选择“渐隐”。其实你会在菜单中的“渐隐”字样之后看到刚才你所操作的步骤的名称，比如你刚刚应用了“USM锐化”滤镜，它会显示为“渐隐USM锐化”（如上方左图所示）。将“不透明度”滑块向左拖动，在出现的“渐隐”对话框中，降低刚刚应用的滤镜或调整的强度。注意：此“渐隐”功能仅在应用滤镜或调整后立即生效。所以，如果你决定要使用它，请立即使用它。如果你在使用它之前先进行了更多的操作——单击任何地方或进行任何其他操作——“渐隐”选项将会消失，它将变灰。

将CMYK转换为胶印

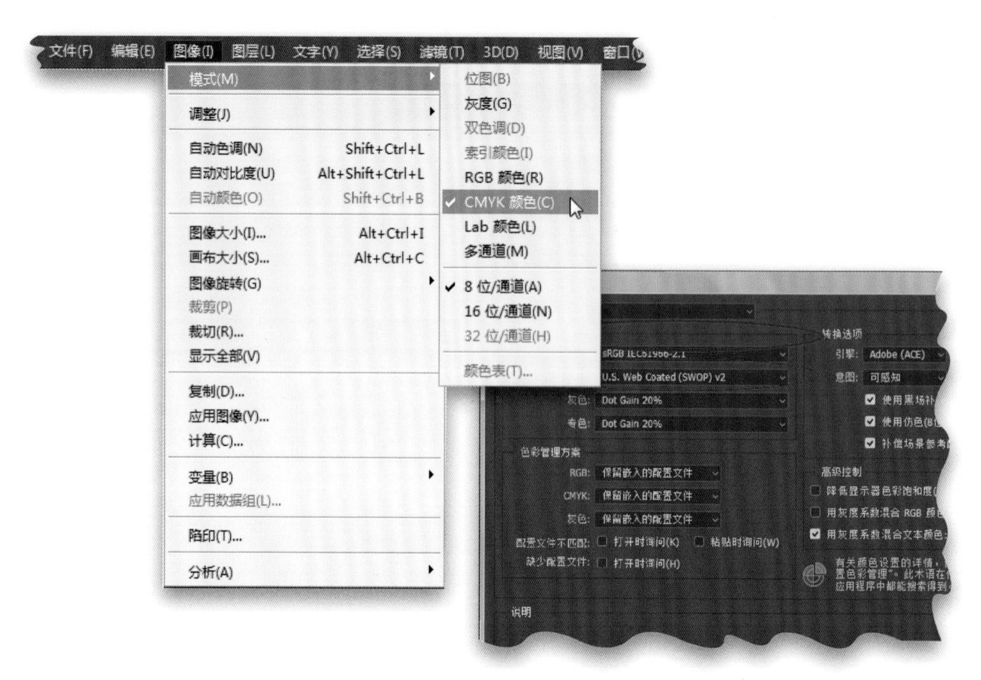

如果你的图像需要在实际的胶印机或卷筒印刷机上打印，你可能需要先将图像转换为CMYK模式。Photoshop可以做到这一点，但在你考虑这个之前，你需要先联系打印店，找他们获得确切的CMYK转换设置。他们甚至可以为你提供可下载的设置文件，你可以将其上传到Photoshop，以便你完全按照自己的规格进行转换。所以，第一步：联系你准备打印照片的公司，并向他们询问CMYK转换规格。然后，将RGB图像转换为CMYK。这真的非常容易，只需在“图像”菜单的“模式”下选择“CMYK颜色”。屏幕上将出现一个小提醒对话框，让你知道正在使用哪个颜色配置文件将图像转换为CMYK。如果你想选择自己的“CMYK颜色”配置文件，或输入你从打印店获得的信息，请转到“编辑”菜单，然后选择“颜色设置”。在“工作空间”部分，在CMYK弹出菜单（如上方右图所示）中，你会看到一系列热门的转化选项。在顶部，你将看到“载入CMYK”。如果你有打印店的“CMYK颜色”转换配置文件，你就应该选择它。最后一点值得注意的是，这只有当你的照片在印刷机上打印时才需要——如果你的照片是由标准的彩色打印实验室（如Mpix或Millers等）打印的话，千万不要这样做。

在16位模式下打开我的RAW格式图像

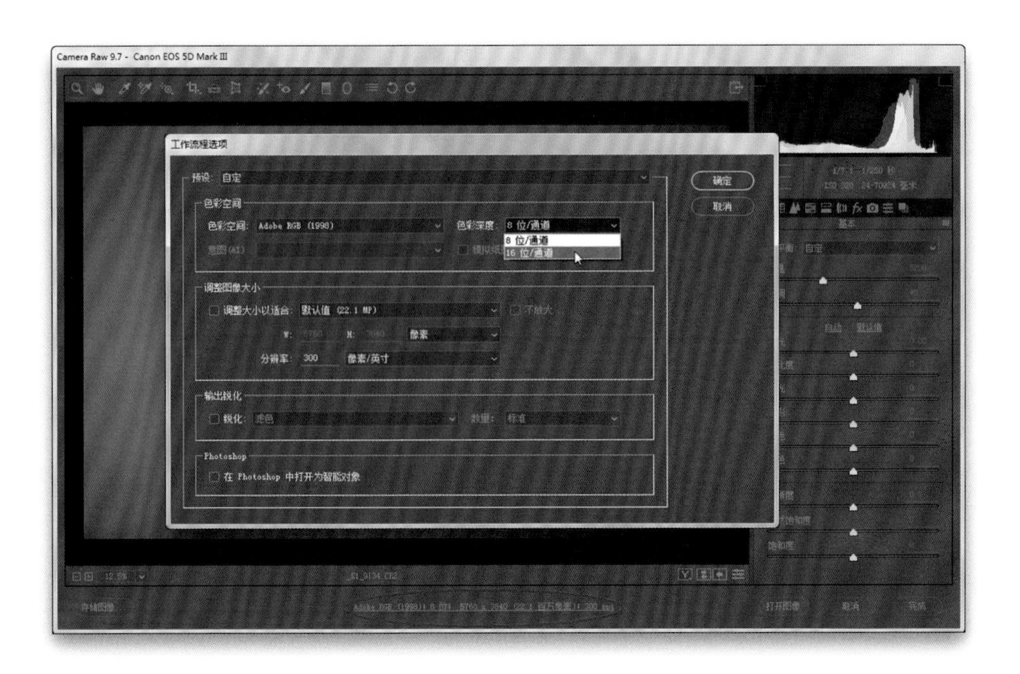

当你把一张Camera Raw中的RAW格式图像在Photoshop中打开的时候，你可以选择标准8位模式（这是在Photoshop中编辑图像的常规模式），或较大的16位颜色模式。以下是不考虑利弊（是的，这个方法有利有弊，网上关于其利弊一直争论不休）情况下的操作步骤：在Camera Raw的窗口底部的中心位置，你将看到一个像带有下划线的Web链接的规范列表（如上方圆圈中所示）。单击此链接，它会打开Camera Raw的“工作流程选项”对话框。你将在此选择在Photoshop中实际打开图像的位置。在靠近右上角的地方，你将看到一个“色彩深度”的弹出式菜单。从“色彩深度”弹出菜单中选择16位 / 通道，单击“确定”。现在你的RAW图像将在Photoshop中以16位模式打开。（注意：JPEG图像是以8位模式拍摄的。如果你用JPEG拍摄，选择16位模式不会添加任何东西，只会给你的图像增加其文件大小，所以我不推荐它。）当你在Photoshop中完成对图像的编辑之后，如果要转换回8位模式，只需在“图像”菜单的“模式”下选择8位 / 通道。

扩展或压缩选区

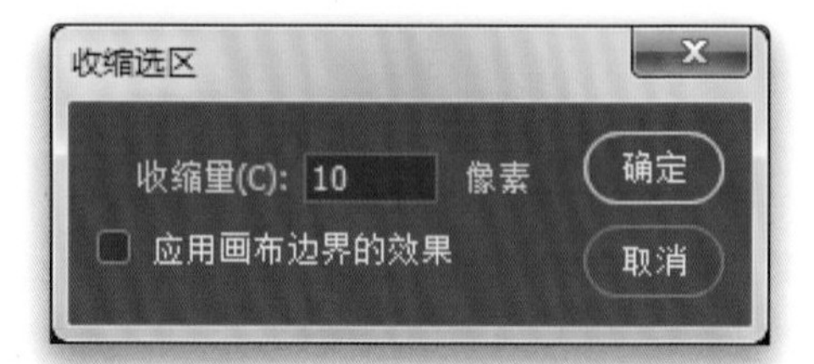

当你选好选区之后，如果你想要让它变大或变小，请在“选择”菜单下的“修改”中选择“扩展”或“收缩”。输入要扩展或收缩的像素，然后单击“确定”，即可完成操作。你可能会注意到，如果你所扩展的选区为正方形或矩形，并且你使用了一个比较高的数值，如20或30像素，当它扩展的时候，它的角会开始变圆。如果你需要它们保持笔直的外观，那么不要使用“扩展”。请在“选择”菜单下，选择“变换选区”。现在你可以调整选区了，就像你对一个图层上的其他对象使用“自由变换”一样，其边缘不会变圆。

将文件保存为JPEG或TIFF格式

当你完成文件编辑后，如果要将其保存为JPEG、TIFF或PSD格式（这是Photoshop的本机文件格式，它会保持所有图层不变），请在“文件”菜单下选择“另存为”，或按Command-Shift-S［非MAC系统的电脑：Ctrl-Shift-S］）。这将打开“另存为”对话框。只需单击“格式”弹出菜单，你便会看到一大堆可供选择的文件格式。

在Camera Raw中自动打开JPEG格式的图像

在“Photoshop CC”（非MAC系统的电脑：“编辑”）菜单的“首选项”下，选择Camera Raw（一直向下寻找）。当“Camera Raw首选项”对话框打开时，在底部附近，你将看到“JPEG和TIFF处理”区域。从JPEG弹出菜单中，选择“自动打开所有支持的JPEG”，然后单击“确定”。现在，你的JPEG图像将在Photoshop中打开之前，先在Camera Raw中自动打开处理。

我要如何……

从“工具箱”中选取“快速选择工具”（W），并在被摄主体的头发上涂抹，但不要在其边缘上绘制。所以，此时你只需进行一个非常基本的选择，避开外边缘区域（这正是棘手的部分）。同时也要避免选择任何背景区域。当你选好之后，请到“选项栏”中，单击“自动增强选区边缘”按钮。当对话框出现时，从“视图模式”弹出菜单中选择“叠加”。这个视图会在未选择的区域上放置一个红色的蒙版，我认为这是处理头发的最简单的方法，因为你可以看到你在做什么。接下来，打开“智能半径”复选框，然后将“半径”滑块向右拖动到2.0像素左右。接下来的部分就比较有趣了：将鼠标指针移动到对话框外，它在你的图像上会变成一个选区画笔。在头发的边缘区域涂画，它会自动感知区域的位置，并选择那些难以选择的区域。在大多数情况下，它都能达到一个惊人的效果，特别是当被摄主体位于一个简单的背景之中的时候（浅灰色背景似乎能达到最好的效果，但其实只要背景简单，效果都不会糟糕）。当你沿着头发的边缘进行涂画的时候，你会看到那些区域不再是红色，它们会变成图像的自然色彩。这就能让你知道，这些区域现在已添加至你的选区。如果选择得太多，请按住Option（非MAC系统的电脑：Alt）键涂色，以取消选择这些区域。位于对话框底部的是“输出到”弹出菜单。我一般会在这个菜单里选择“新建图层”。所以，当我单击“确定”的时候，所选定的区域就会被放置在一个单独的图层之上，我便可以轻松地在我的被摄主体背后放置一个新的背景。

从场景中删除游客

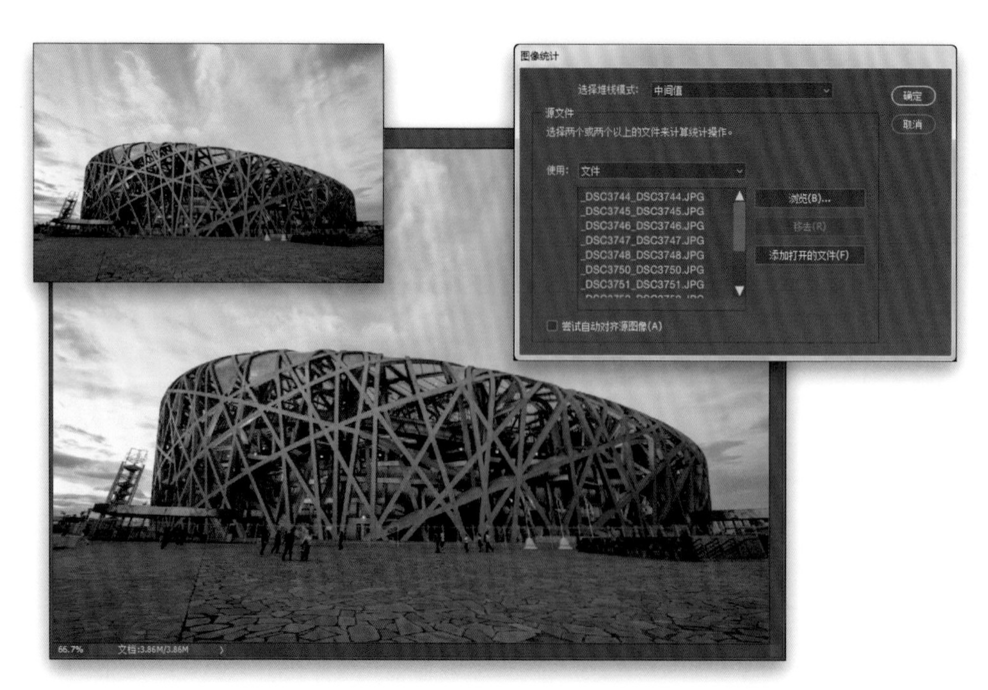

好吧，想要完成这一任务，需要相机技术与Photoshop魔术的配合。我不得不承认，它真的是一个非常神奇的魔术。理想情况下，你需要在三脚架上进行拍摄，这样在你施展相机技术的时候，你的相机才能处于一个完美的静止状态。首先，把你的相机放在三脚架上，然后每10到15秒拍摄一次，直到你有大约10或15张场景图像为止。在Photoshop中打开这10或15张图片，所有图片都会在不同的窗口（或标签页——如果你已打开此首选项）同时打开。接下来，在“文件”菜单的“脚本”下选择“统计”。从“选择堆栈模式”弹出菜单的对话框的顶部，选择“中间值”。现在，单击“添加打开的文件”按钮，来添加你刚刚打开的10或15图像。单击“确定”按钮，Photoshop便会分析寻找运动的图像。因为它会比较所有的这10或15张图片，任何移动的东西都会被删除——只要游客在你的图像中有所移动，他们便会被删除。如果你的一个游客是坐着的，那么在这个操作过程完成之后，他仍会在图像之中。所以，想要删除所有游客的关键在于让每个人都能移动（是的，我有一次使用此技术拍摄的时候，不得不让一个朋友去让一位游客移动一下。其实我只需要让他们移动几英尺而已——这就能帮助我达到目的，并且果真如此）。如果它还是留下了你想要清除的东西，只需抓起“仿制图章”工具（S），在一个干净的区域按住Option（非MAC系统的电脑：Alt）键，同时单击以进行抽样，然后仿制至你想要去掉的地方即可。

打造艺术蒙太奇的效果

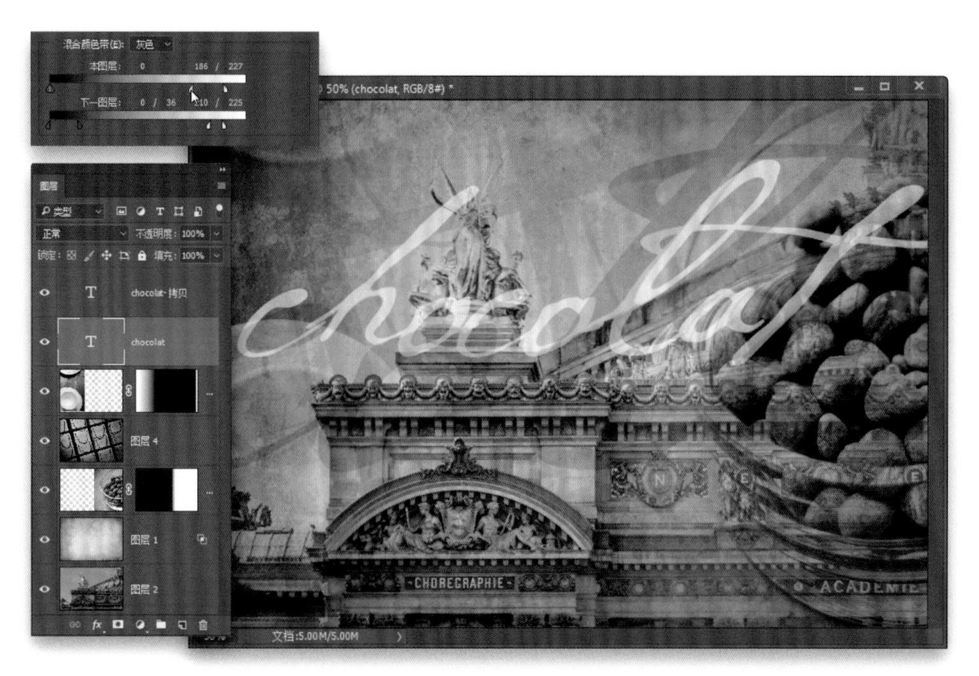

若要将多个图像混合成一个精美的蒙太奇效果，首先在“文件”菜单下的“脚本”中选择“将文件载入堆栈”。选择你的图像，单击“确定”，每个图像都会在同一文档中打开，并且每个图像都位于一个单独的图层之上。你也可以打开每个文件，并将它们全部复制并粘贴到一个文档中，但我刚刚介绍的那个方法只是更简便、快捷而已。如果你已经在Photoshop中打开了图像，你仍然可以使用此“脚本”将它们放在图层上。无论如何，当它们都出现在一个文档中、单独的图层上之后，单击图层堆栈中的顶层，然后双击其缩略图，便会显示“图层样式”对话框中的“混合选项”。在“混合颜色带”的对话框的底部（如上方左图所示）有两个用于创建蒙太奇的滑块。如果你现在就开始拖动这些滑块，图像会看起来非常锐利、参差不齐。若要得到美观平滑的混合效果，请按住Option（非MAC系统的电脑：Alt）键，然后单击并拖动四个滑块按钮之一。这个按钮将被一分为二，从而使过渡变得漂亮、平滑。可以试着在每个图层上操作这一技巧，从而打造不同的效果。不同的滑块将以不同的方式影响每个图像，因此它能在高速旋转中打造一个完美的艺术的蒙太奇效果。此外，在“文字图层”中尝试这个技巧，它能将文字与图像完美融合。我经常看到脚本字体被用于这些蒙太奇效果之中，特别是那种复古的字体（如Cezanne；如上图所示），它们看起来真酷（真的值得尝试）。（注意：如我在上图的蒙太奇所示，除了使用“混合颜色带”滑块之外，我还在一些图层蒙版上使用了渐变，以及不同的图层混合模式和不透明度设置。我们在第6章已进行过相关讨论。）

图书在版编目（CIP）数据

Photoshop摄影师摄影后期处理技法 / （美）斯科特·凯尔比（Scott Kelby）著 ; 朱禛子译. -- 北京 : 人民邮电出版社，2018.7
ISBN 978-7-115-48498-7

Ⅰ. ①P… Ⅱ. ①斯… ②朱… Ⅲ. ①图象处理软件 Ⅳ. ①TP391.413

中国版本图书馆CIP数据核字(2018)第138062号

版权声明

◆ 著　　［美］斯科特·凯尔比（Scott Kelby）
译　　朱禛子
责任编辑　李天骄
责任印制　周昇亮

◆ 人民邮电出版社出版发行　北京市丰台区成寿寺路 11 号
邮编　100164　电子邮件　315@ptpress.com.cn
网址　http://www.ptpress.com.cn
北京东方宝隆印刷有限公司印刷

◆ 开本：690×970　1/16
印张：17　　2018 年 7 月第 1 版
字数：393 千字　　2018 年 7 月北京第 1 次印刷

著作权合同登记号　图字：01-2016-7726 号

定价：89.00 元

读者服务热线：(010)81055296　印装质量热线：(010)81055316
反盗版热线：(010)81055315
广告经营许可证：京东工商广登字 20170147 号